Lars Kreft

Unterwegs im Universum

Die Weltraum-Werkstatt für die 3. und 4. Klasse

Mit Kopiervorlagen

 Auer

GRATIS-DOWNLOADS
für das Fach Sachunterricht

Sichern Sie sich kostenlose 10-Minuten-Rätsel
zum Thema Hygiene!

GRATIS!

Download der Gratis-Materialien unter
www.auer-verlag.de/07333DK1

Gedruckt auf umweltbewusst gefertigtem, chlorfrei gebleichtem
und alterungsbeständigem Papier.

6. Auflage 2019
Nach den seit 2006 amtlich gültigen Regelungen der Rechtschreibung
© Auer Verlag
AAP Lehrerfachverlage GmbH, Augsburg

Illustrationen: Michael Wrede
Satz: Auer Buch + Medien GmbH, Donauwörth
Druck und Bindung: Himmer GmbH, Augsburg
ISBN 978-3-403-**04368**-3

www.auer-verlag.de

Inhaltsverzeichnis

Vorwort

Die Frage nach der Entstehung unseres Planeten und die Auseinandersetzung mit den uns umgebenden Himmelskörpern beschäftigen die Menschheit seit jeher. Viele dieser Fragen sind noch unbeantwortet und die bisher gefundenen Antworten müssen ständig revidiert werden.

Die Vorläufigkeit der Antworten, die uns die Wissenschaft und Forschung anbieten, sollte mit den Kindern im Gespräch thematisiert werden. Gerade diese Unerforschtheit des Universums und die Vorläufigkeit wissenschaftlicher Erkenntnisse übt eine besondere Faszination aus und regt damit Prozesse des aktiv entdeckenden und handlungsorientierten Lernens besonders an.

Im Vorfeld der Werkstatt werden zunächst einige Kinderfragen im gemeinsamen Unterricht beantwortet, um eine Grundlage und die nötigen Voraussetzungen für eine selbstständige Auseinandersetzung mit den Lernangeboten zu ermöglichen. Der Verlaufsplan der Unterrichtsreihe zeigt, welche Kinderfragen im Vorfeld der Werkstatt im gemeinsamen Unterricht beantwortet worden sind. Wo immer für ein Lernangebot Vorwissen und Vorbereitung zwingend notwendig sind, wird dies im didaktischen Kommentar erwähnt.

Die Kinder haben während der Werkstattarbeit nahezu täglich Zeitungsausschnitte über Meldungen aus dem Bereich Raumfahrt mitgebracht, die Anlass zur Entwicklung von weiterführenden Fragen waren. Den Abschluss der Unterrichtsreihe können der Besuch eines Planetariums und ein Expertenbesuch bilden, um offen gebliebene oder neu entstandene Kinderfragen zu beantworten.

Ich möchte mich an dieser Stelle bei all denjenigen bedanken, die mich bei der Arbeit an der Werkstatt unterstützt haben. Ein ganz besonderer Dank geht dabei an Herrn Prof. Dr. Szostak vom Institut der Didaktik der Physik in Münster, der den Kindern als Experte einen Vormittag zur Verfügung stand.

Eine Werkstatt lebt davon, ständig überarbeitet, verbessert oder erweitert zu werden. Wenn Ihnen Fehler, Unstimmigkeiten auffallen oder wenn Sie Verbesserungsvorschläge machen können, wäre ich Ihnen für eine Rückmeldung dankbar.

Informationen für die Lehrerin und den Lehrer

Thema der Unterrichtseinheit:

Eine Lernwerkstatt mit fächerübergreifenden, differenzierten Angeboten zum Thema Astronomie – handlungsorientierte Erarbeitung der Teilbereiche Sonnen, Monde und Planeten, Menschen im Weltraum und Sternbilder.

Schwerpunktziel:

Die Schüler sollen in vielfältigen Handlungsformen selbst gewählte Teilaspekte zum Thema Astronomie entdecken, erarbeiten und vertiefen.

Sie sollen:

- sich durch die Orientierung der Werkstattangebote an ihren Fragen und Ideen selbst als Ursache ihres Lernprozesses begreifen;
- mit unterschiedlichen Geräten, Modellen und Materialien umgehen;
- durch das Expertensystem und das Angebot von Partner- und Gruppenarbeit kooperatives Verhalten lernen und festigen;
- die Namen und die Eigenschaften der Planeten unseres Sonnensystems kennenlernen;
- die Abhängigkeit irdischen Lebens vom Bedingungsgefüge unseres Sonnensystems und deren Auswirkung auf den Alltag (Jahreszeiten, Tag und Nacht, Mondphasen) erfahren;
- begreifen, dass sich Naturphänomene im Modell darstellen lassen;
- sich mit beobachtbaren Aspekten der Astronomie fächerübergreifend auseinandersetzen;
- die Vorläufigkeit wissenschaftlicher Erkenntnisse verstehen;
- sich selbstständig wichtige Informationen erschließen.

Medien/Materialien:

Werkstattplan, Klangschale, Auftragskarten, Arbeitsblätter, Versuchsanleitungen, Lösungsblätter, Ausschneidebögen, Sachbücher zum Thema Astronomie, Stifte, Knetgummi, Klebestift, Tesafilm, Taschenlampe, Schuhkarton, Styroporkugeln, Bindfaden, Gummibänder, Luftballons, Ballonpumpen, Klebepunkte, leere Flasche, Strohhalme, Aluminiumfolie, Nagel, feiner Draht, Schnur, Pappe, Pappschachteln, Eierkarton, Musterklammern, Maßbänder, Bastelmesser, Schere, Teelichter, Feuerzeug, Gefäß mit Löschwasser, Memory-Spiel, Zeichenblock, Elektroquiz mit vier verschiedenen Auflagen, weiße Lackstifte, Sternkarte, Kompass

Lernvoraussetzungen, Struktur und Zielsetzung der Thematik

Spezielle Lern-voraussetzungen	Struktur der Sache	Begründung der Thematik und Zielsetzung
In den vorausgegangenen Unterrichtseinheiten wurde Basiswissen zu den drei Teilbereichen (Sonnen, Monde und Planeten, Menschen im Weltraum, Sternbilder) des Themas erarbeitet. Von Vorteil: Schüler sind mit den Regeln, der Arbeitsweise und den Ritualen einer Werkstatt vertraut (Expertensystem, Gruppenarbeit, Benutzung der Auftragskarten, Arbeits- und Lösungsblätter, Führen des Werkstattplans, Ablagefächer, Klangschale als Zeichen zum Aufräumen und zur Zusammenkunft im Sitzkreis). Die Kinder sind bei der Werkstattarbeit stark intrinsisch motiviert.	Ausgewählt werden Aspekte der Astronomie, die direkt beobachtbar und in ihren Auswirkungen erfahrbar sind, die kindliche Vorstellungskraft nicht übersteigen und handlungsorientierte Zugänge ermöglichen (Erfahrungen statt Formeln). Ausgehend vom im Vorfeld der Werkstatt erarbeiteten Basiswissen (Tag und Nacht, Jahreszeiten, Unser Sonnensystem, Mondphasen und Orientierung am Sternhimmel) gehen die Kinder in der Werkstatt ihren unbeantworteten Fragen nach, vertiefen und wenden Gelerntes an. Neue Sachaspekte sind die Raumfahrt, die Entstehung des Universums und die Sonnenfinsternis.	Das Thema Astronomie hat direkten Bezug zur Lebenswirklichkeit der Kinder. Internationale Vergleichsstudien verweisen immer wieder auf den Mangel grundlegender Kenntnisse im Bereich der Astronomie (wie in den naturwissenschaftlichen Fächern überhaupt). **Didaktische Reduktion:** Orientierung an beobachtbaren Phänomenen der Lebenswirklichkeit (Jahreszeiten, Tag und Nacht, Mondphasen, Planeten des Sonnensystems, Raumfahrt, Sternbilder). **Lernplanbezug:** Die Kinder sollen mit Medien sinnvoll umgehen, die Abhängigkeit des Menschen von Umweltbedingungen erkennen, Funktion und Wirkprinzipien einfacher Geräte erfassen, Werkstoffe und Werkzeuge sachgerecht gebrauchen. Die Lernangebote entsprechen der Handlungsorientierung in entdeckenden Formen („Wettlauf im All"), in gestaltenden Formen („Satellitenprojekt"), in verstehenden Formen („Geschichte des Universums") und in festigenden Formen („Mondphasenuhr").

Daraus ergeben sich folgende methodische Entscheidungen und Begründungen:

- Orientierung der Werkstattangebote an den Schülerfragen und an beobachtbaren kosmischen Phänomenen des Alltags;
- Ermöglichung von vielfältigen Erfahrungen durch handlungsintensive Auseinandersetzung mit der Sache;
- Qualitative und quantitative Differenzierung durch
  - verschiedene Angebote, die sowohl die verschiedenen Eingangskanäle als auch die verschiedenen Darstellungsebenen berücksichtigen;
  - im Schwierigkeitsgrad variierende Angebote;
  - Hilfen zu den Angeboten;
  - mögliche Hilfe durch Experten oder Partner im Team;
  - Selbstkontrollmöglichkeiten;

Lars Kraft: Unterwegs im Universum

- unterschiedliche, zum Teil frei wählbare Sozialformen;
- Berücksichtigung des individuellen Lerntempos.

● Da im bisherigen Unterricht nicht alle Kinderfragen beantwortet werden konnten, bietet die Werkstatt die Möglichkeit, den eigenen Fragen nachzugehen;

● Um bei leistungsschwächeren Kindern keine Frustrationen aufkommen zu lassen, erhalten sie förderliche Handlungshilfen;

● Die Zwischenreflexionen ermöglichen die Mitteilung von Erfolgserlebnissen, die Klärung von Schwierigkeiten, die Weitergabe von Tipps und den Ausblick auf die weitere Arbeit;

● Erste Handlungsprodukte (z. B. Satelliten, Fantasiesternbilder) können ggf. gezeigt werden, soweit sie keine Ergebnisse vorwegnehmen.

Allgemeines zu Aufbau und Organisation der Werkstatt

Eingebettet ist die Werkstatt in eine ganze Unterrichtsreihe zum Thema Weltraum, deren möglicher Verlauf auf S. 8 beschrieben wird. In der für ca. 20 Wochenstunden geplanten Weltraum-Werkstatt können die Kinder ihren eigenen Fragen in fächerübergreifenden Lernangeboten nachgehen. Die Angebote wurden aus den Interessenschwerpunkten der Kinder entwickelt und sind den drei Teilbereichen „Sonnen, Monde und Planeten" sowie „Menschen im Weltraum" und „Sternbilder" zugeordnet.

● **Sonnen, Monde und Planeten** (Angebote 1–11)
● **Menschen im Weltraum** (Angebote 12–15)
● **Sternbilder** (Angebot 16)

Die Anzahl der Angebote zu diesen Teilbereichen variiert. Dies ist die Konsequenz aus der Konzentration der Schülerfragen auf den jeweiligen Teilaspekt des Themas. Die Werkstattangebote orientieren sich also nicht nur qualitativ, sondern auch quantitativ an den von Schülern aufgeworfenen Fragestellungen. Die einzelnen Lernangebote hatten in der durchgeführten Werkstatt konkreten Bezug zu den Kinderfragen, indem die jeweilige Frage neben dem Angebot visualisiert wurde.

Um die Orientierung der Schüler zu gewährleisten, sind die Auftragskarten fortlaufend nummeriert und betitelt. Das **Expertensystem** ist so organisiert, dass die Kinder sich in einer zu Beginn der Werkstatt stattfindenden Orientierungsstunde für ein Angebot entscheiden, zu dem sie Experte werden möchten. Dies kann durch kleine Namensschilder, die über oder unter der Auftragskarte angebracht sind, visualisiert werden. Hat nun ein Schüler Schwierigkeiten bei der Bearbeitung einer Aufgabe, kann er sich an den jeweiligen Experten wenden. So werden selbstständiges Arbeiten und soziales Lernen gleichermaßen gefördert.

Die **Auftragskarten** sind so gestaltet, dass sie zwischen Aufgabe und Material unterscheiden. Das für die Aufgabe benötigte Material ist zur Differenzierung als Wort und Bild abgedruckt. Die Sozialform wird durch die Anzahl eines entsprechenden Piktogramms angezeigt. Zu jedem Angebot gehört in der Regel eine Auftragskarte, ein Arbeitsblatt, eine entsprechende Lösungskontrollmöglichkeit sowie eine Bastel-, Gebrauchs- oder Versuchsanleitung. Das nötige Material liegt unter bzw. vor der Auftragskarte bereit.

Die **Werkstattpläne** der Kinder enthalten die Nummern und Titel der Angebote, den oder die jeweiligen Experten und ein Feld zum Abhaken für den Schüler und die Lehrkraft, die über eine Ablagekartei jederzeit die Möglichkeit zur Kontrolle der Schülerarbeiten hat. Im gemeinsamen Gespräch wurde geklärt, dass es die vordringliche Aufgabe der Kinder ist, in der Werkstatt der Beantwortung ihrer Fragen nachzugehen und die gefundenen Antworten auf Karteikarten zu notieren. Es gibt demnach Verpflichtungen für die Kinder; auf Pflichtaufgaben hingegen wurde in dieser Werkstatt aber bewusst verzichtet.

Es bietet sich an, die gesammelten Schülerarbeiten in einem „Buch vom Universum" (Kopiervorlage auf S. 24) zusammenzufassen. Die Unterrichtsreihe kann **fächerübergreifend** unterstützt werden, indem das Thema Schöpfung zeitgleich im Religionsunterricht behandelt wird.

Verlaufsplan der Unterrichtsreihe

1. Fantasiereise durch das All – eine ganzheitliche Einstimmung auf das Thema und Gestaltung einer Titelseite für das Buch vom Universum

2. Was ich schon weiß und worüber ich mehr wissen will – eine schülerorientierte Sammlung von Vorwissen und Kinderfragen zum Thema Weltraum

3. Gemeinsame Erarbeitung von Oberbegriffen und Zuordnung der Fragen

4. „Wieso gibt es Tag und Nacht?" – ein Experiment zur Abbildung des täglichen Sonnenbahnverlaufs

5. „Wieso gibt es Sommer und Winter?" – ein Experiment mit dem Thermoglobus zur Veranschaulichung der Abhängigkeit der Erderwärmung von der Erdachsenstellung

6. „Wieso sieht der Mond manchmal voll und manchmal halb voll aus?" – ein Bewegungsspiel zur Verdeutlichung der Stellung von Sonne, Mond und Erde und Einführung eines Mondkalenders zur täglichen Aufzeichnung der Mondphasen

7. Planung und Bau eines Modells unseres Sonnensystems zur Veranschaulichung der Größenverhältnisse und des Aussehens der Planeten des Sonnensystems

8. „Was ist der Unterschied zwischen dem ‚Kleinen Bären' und dem ‚Großen Bären'?" – Beobachtungen an einer OHP-Sternkarte

9. **Unterwegs im Universum – eine Werkstatt mit differenzierten Angeboten zum vertiefenden Üben und zur Entdeckung und Erarbeitung neuer Sachaspekte im handelnden Umgang mit astronomischen Fragestellungen**

10. Bau eines Sonnenteleskops in Hinblick auf die Nachtwanderung

11. Nachtwanderung zur Sternbeobachtung

12. Planung und Durchführung einer Weltraumausstellung zur Präsentation der Handlungsprodukte der Werkstattarbeit

13. Ein Experte beantwortet offene Kinderfragen zu Themenbereichen der Astronomie – Besuch von Herrn Prof. Szostak aus Münster

14. Besuch des Planetariums in Münster

Literaturverzeichnis für die Werkstattbibliothek

Sach- und Lesebücher

Baur, Manfred: Die Sterne (Was ist was Nr. 6). Nürnberg 2010.

Baur, Manfred: Planeten und Raumfahrt (Was ist was Nr. 16).

Baur, Manfred: Der Mond (Was ist was Nr. 21).

Baur, Manfred: Unser Kosmos (Was ist was Nr. 102).

Englert, Sylvia: Frag doch mal... die Maus! Sterne und Planeten.

memo Kids: Weltraum – Sterne und Planeten.

Stott, Carole: Wow! Weltall.

Übelacker, Erich: Die Sonne (Was ist was Nr. 76).

Übelacker, Erich: Sternbilder und Sternzeichen (Was ist was Nr. 99).

Vorlage für das Planeten-Memory

(Vorderseite)

Lars Kreft: Unterwegs im Universum

Vorlage für das Planeten-Memory

(Rückseite)

Erde	**Jupiter**	**Saturn**
<u>Oberflächentemperatur:</u> **-70 °C bis 55 °C** <u>Masse im Vergleich zur Erde:</u> **1** <u>Dauer eines Umlaufs um die Sonne:</u> **365,24 Erdentage**	<u>Temperatur an Wolken- obergrenze:</u> **-130 °C** <u>Masse im Vergleich zur Erde:</u> **318** <u>Dauer eines Umlaufs um die Sonne:</u> **11,86 Erdenjahre**	<u>Temperatur an Wolken- obergrenze:</u> **-150 °C** <u>Masse im Vergleich zur Erde:</u> **95,18** <u>Dauer eines Umlaufs um die Sonne:</u> **29,5 Erdenjahre**
Merkur	**Mars**	**Venus**
<u>Oberflächentemperatur:</u> **-180 °C bis 430 °C** <u>Masse im Vergleich zur Erde:</u> **0,05** <u>Dauer eines Umlaufs um die Sonne:</u> **88 Erdentage**	<u>Oberflächentemperatur:</u> **-125 °C bis 20 °C** <u>Masse im Vergleich zur Erde:</u> **0,11** <u>Dauer eines Umlaufs um die Sonne:</u> **687 Erdentage**	<u>Oberflächentemperatur:</u> **465 °C** <u>Masse im Vergleich zur Erde:</u> **0,815** <u>Dauer eines Umlaufs um die Sonne:</u> **224,7 Erdentage**
Neptun	**Uranus**	
<u>Temperatur an Wolken- obergrenze:</u> **-220 °C** <u>Masse im Vergleich zur Erde:</u> **17,14** <u>Dauer eines Umlaufs um die Sonne:</u> **164,79 Erdenjahre**	<u>Temperatur an Wolken- obergrenze:</u> **-214 °C** <u>Masse im Vergleich zur Erde:</u> **14,5** <u>Dauer eines Umlaufs um die Sonne:</u> **84 Erdenjahre**	

Didaktischer Kommentar zu den Angeboten

1. Mondkiste

Die Mondkiste dient der Veranschaulichung der unterschiedlichen Mondphasen. Die Kinder beobachten die unterschiedliche Beleuchtung der Styroporkugel im Inneren eines Schuhkartons, zeichnen ihre Beobachtungen auf und setzen diese in Beziehung zu ihren Vorerfahrungen zu den Mondphasen. In einer weiterführenden Aufgabe sind die Kinder aufgefordert, Überlegungen anzustellen, wie die Mondkiste umgebaut werden müsste, um damit eine Vollmondphase beobachten zu können.

Sozialform:
Einzel- oder Partnerarbeit

Medien:
Arbeitsblatt, Stift, Mondkiste, Knetgummi, Taschenlampe, Lösung

Tipps:

● Material und Vorbereitung:
Für die Herstellung der Mondkiste benötigt man einen Schuhkarton mit Deckel, eine kleine Styroporkugel oder einen Tischtennisball, der mit einem Faden an der Innenseite des Schuhkartondeckels etwa in der Mitte des hinteren Drittels (s. Zeichnung) befestigt wird.

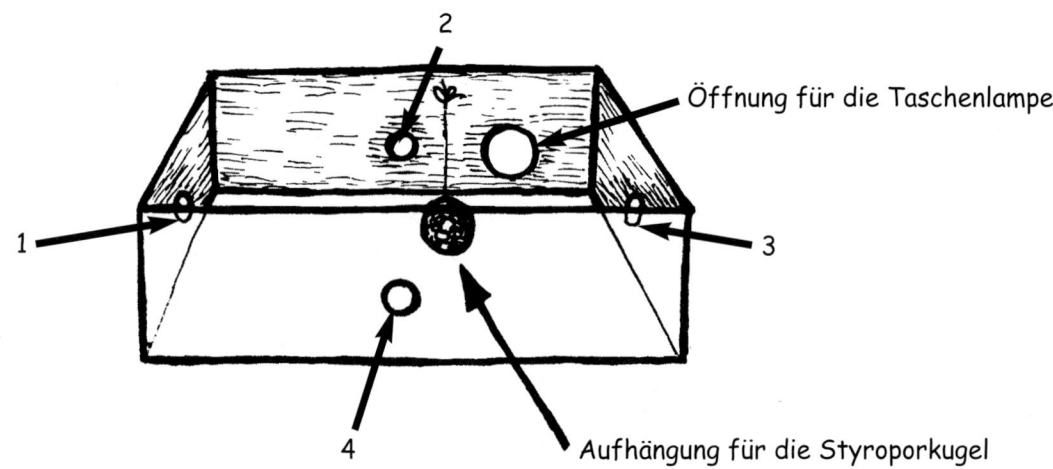

Eine Heißklebepistole und ein Stück Angelschnur eignen sich zur Befestigung der Styroporkugel, sodass sie nun im Schuhkarton schwebt. Die Styroporkugel wird von einer Taschenlampe durch ein entsprechend großes Loch, das seitlich in den Schuhkarton mit einem Bastelmesser geschnitten wird, beschienen. Knetgummi dient zur Abdichtung, sodass wirklich nur das Licht der Taschenlampe in den Karton scheint. Durch vier verschiedene, in die Außenseite der Kiste geschnittene Gucklöcher können die Kinder in das Innere der Mondkiste sehen und im Modell unterschiedliche Mondphasen beobachten. Die Löcher können durch ein kleines Stück schwarzes Tonpapier, das mit einer Heftzwecke befestigt wird, bei Bedarf verschlossen werden. Von außen kann die Mondkiste mit blauem Geschenkpapier und ausgestanzten gelben Papiersternen noch verschönert werden. Da schon eine geringfügige Veränderung der Position der Gucklöcher ein verändertes Bild für den Betrachter gibt, sind die Felder auf dem Lösungskontrollblatt bewusst freigelassen worden. Das Aussehen der entsprechenden Mondphasen sollte dann individuell je nach Bauweise der Kiste eingezeichnet werden.

Lars Kreft: Unterwegs im Universum

- Durchführung:

  Eine Vollmondphase lässt sich mit dieser Versuchsanordnung nicht beobachten. Den Grund dafür zu erkennen und die Konstruktion der Mondkiste so zu verändern, dass dies möglich wird, ist Inhalt einer weiterführenden freiwilligen Aufgabe.

  Zur gemeinsamen Reflexion der Versuchsergebnisse und wegen der zur erbringenden Transferleistung der Kinder ist es sinnvoll, mit den Kindern im Vorfeld der Werkstatt die für jeden täglich direkt beobachtbaren Mondphasen sowie Mondaufgang und -untergang im Unterricht zu thematisieren. Die genauen Daten dazu finden sich in der Regel in der Tageszeitung. Die Führung eines Mondkalenders während der Arbeit an dem Thema kann später auch in das zu erstellende Werkstattbuch aufgenommen werden.

2. Mondphasenuhr

Die Kinder haben die Aufgabe, mit der Mondphasenuhr die aktuelle und eine zukünftige Mondphase auf der Mondphasenuhr einzustellen und diese aufzuzeichnen. Sie sollen außerdem die Regelmäßigkeit im Ablauf der Mondphasen erkennen.

Sozialform:

Einzel- oder Partnerarbeit

Medien:

Arbeitsblatt, Ausschneidebogen, Schere, Bastelmesser, Musterklammer, Mondkalender, Stift, Lösung

Tipps:

- Material und Vorbereitung:

  Es empfiehlt sich, das Arbeitsblatt auf dickeres Papier zu kopieren oder auf Pappe zu kleben, um die Stabilität zu erhöhen. Ein Lösungskontrollblatt ist von der aktuellen Mondphase abhängig und liegt deshalb nicht bei.

- Durchführung:

  Die Kinder schneiden einen schwarzen Kreis und ein darauf vorgezeichnetes Loch aus. Diesen befestigen sie anschließend mit einer Musterklammer so auf ihrem Arbeitsblatt, dass sie durch das Loch die verschiedenen Mondphasen betrachten können. Ein Anritzen der markierten Stelle auf dem Ausschneidebogen und dem Arbeitsblatt (Kreismittelpunkt der Drehscheibe) mit einem Bastelmesser erleichtert die Befestigung der Musterklammer.

  Mit Hilfe eines Mondkalenders bestimmen die Kinder auf der Mondphasenuhr die aktuelle Mondphase und malen diese auf. Weiterhin bestimmen sie die Mondphase in 14 Tagen, die dann auch auf dem Arbeitsblatt aufgezeichnet wird.

3. Modell von Erde und Mond

Das Modell gibt in verkleinertem Maßstab die Größenproportionen und die Entfernung von Erde und Mond wieder. Die Kinder erfahren so den Größenunterschied zwischen Erde und Mond und gewinnen durch das Abrollen des Fadens eine Vorstellung von der Entfernung zwischen Erde und Mond.

Zusätzlich können die Kinder durch ein Bewegungsspiel mit dem Modell das Phänomen des Mondauf- und Monduntergangen nachvollziehen.

Sozialform:

Partnerarbeit

Medien:

Arbeitsblatt, Stift, Modell von Erde und Mond, Maßband

Tipps:

- Material und Vorbereitung:
Der Größenunterschied von Erde und Mond wird im Modell durch eine kleine graue Knetgummikugel und durch eine entsprechend größere Kugel (Tennisball) im Verhältnis 1 : 50 repräsentiert. Ein Bindfaden, der zwischen den Kugeln gespannt wird, gibt die Entfernung zwischen der Erde und ihrem Mond an. Zur Befestigung des Fadens eignet sich eine Heißklebepistole.

- Durchführung:
Die Partnerarbeit ist zur Durchführung des Versuches notwendig, denn im Versuch hält ein Kind die „Erde", ein anderes den „Mond". Auf der durch die Länge des Fadens festgelegten Kreisbahn bewegt sich nun der „Mond" um die „Erde" und ist somit nur phasenweise sichtbar für das Kind, das die „Erde" hält.

4. Geschichte des Universums

Eine der heute anerkannten Theorien zur Entstehung des Universums geht von einem „Urknall" aus. Noch heute sind die Folgen spürbar, da man mit einem Teleskop beobachten kann, dass sich die Galaxien am Sternenhimmel immer weiter voneinander entfernen. Wenn sich die Galaxien mit zunehmender Geschwindigkeit voneinander entfernen, müssen sie im Rückschluss ursprünglich eng beisammen gewesen sein. Daher nimmt man an, dass eine riesige Implosion, der „big bang", diesen Prozess der sich voneinander entfernenden Galaxien ausgelöst hat. Der Prozess beschleunigt sich, bis – so die Theorie – er sich irgendwann umkehrt und das Universum wieder zu einem Staubkorn extrem verdichteter Materie zusammenschmilzt.

Die Galaxien befinden sich quasi auf der Oberfläche einer Seifenblase, weswegen farbige Klebepunkte (Galaxien) auf einen Ballon (Universum) geklebt werden. So haben die Kinder die Chance, den Erkenntnisprozess der Wissenschaft an einem Modell nachzuvollziehen.

Sozialform:	**Medien:**
Partnerarbeit	Versuchsanleitung, Stift, Maßband, Luftballons, Ballonpumpe, farbige Klebepunkte

Tipps:

- Material und Vorbereitung:
Eine Ballonpumpe ist nicht zwingend notwendig, erleichtert aber das schrittweise Aufblasen des Ballons. Wenn man keine Luftpumpe verwendet, sollten die Ballons zuvor einmal aufgeblasen worden sein, da sich die Ballons sonst häufig nur schwer aufblasen lassen. Damit die selbstklebenden Punkte besser auf dem Ballon haften, kann lösungsmittelfreier Klebstoff eingesetzt werden.

- Durchführung:
In kaum einem anderen Wissenschaftsgebiet ändern sich – vor allem durch den technischen Fortschritt – die Erkenntnisse und Erklärungsversuche so rasch wie in der Astronomie und Raumfahrt. Gerade dieser Umstand ist einer der Gründe für die Faszination, die das Thema der Entstehung des Universums bei vielen Menschen und besonders bei Kindern auslöst. Die Vorläufigkeit wissenschaftlich gewonnener Ergebnisse und Theorien sollte vor der Bearbeitung dieses Lernangebotes in einem Gespräch geklärt werden. In einem kurzen Lesetext wird die „Urknalltheorie" zunächst erklärt und der Versuch erläutert. Im Anschluss daran befestigen die Kinder Klebepunkte auf einem Luftballon

Lars Kreft: Unterwegs im Universum

und beobachten, dass sich die Klebepunkte – so wie die Galaxien – voneinander entfernen, wenn sie den Ballon aufblasen. Sie messen den Abstand zwischen zwei beliebigen Klebepunkten, indem sie diesen in drei Schritten messen und die Zunahme des Abstandes zwischen den Klebepunkten berechnen. Abschließend werden die Kinder zum Transfer ihrer Beobachtungen auf die Wirklichkeit aufgefordert, indem sie aus den sich voneinander entfernenden Klebepunkten auf deren ursprüngliches Zusammensein und den auslösenden Kraftanstoß schließen und so ihre Erkenntnisse vom Modell auf die Wirklichkeit übertragen.

5. Steckbrief eines Planeten

Die Kinder benutzen die Sachbücher aus der Werkstattbibliothek, um gewonnene Informationen über einen der acht Planeten unseres Sonnensystems für andere Kinder aufzubereiten. Als Hilfsmittel dient ein Fragenkatalog, der Fragen zu Eigenschaften des Planeten enthält, welche die Kinder mit einem Steckbrief beantworten sollen. Die Handlungsprodukte der Kinder werden ausgestellt.

Sozialform:
Einzel- oder Partnerarbeit

Medien:
Arbeitsblatt, Stifte, Sachbücher,
Zeichenblockblatt

Tipps:

- Material und Vorbereitung:
  Falls noch nicht im Vorfeld der Werkstattarbeit geschehen, kann dieses Angebot um die Aufgabe erweitert werden, ein Modell des Planeten herzustellen.
  Zur Präsentation dient zum Beispiel eine Wäscheleine, an der die fertig gestellten Steckbriefe mit einer Wäscheklammer befestigt werden.

- Durchführung:
  Die Kinder suchen in Sachbüchern nach den nötigen Informationen zu den einzelnen Planeten. Die Arbeitsergebnisse eignen sich für eine Vorstellung in den Zwischenreflexionen.

6. Planeten-Memory

Die Kinder arbeiten zu den Eigenschaften der Planeten des Sonnensystems, wenden ihr Wissen über die Planeten des Sonnensystems in einem Spiel an und vertiefen so ihre Kenntnisse.

Sozialform:
2 bis 3 Kinder

Medien:
Planeten-Memory, Informationshilfe zum
Planeten-Memory

Tipps:

- Material und Vorbereitung:
  Das Memory-Spiel besteht aus acht Paaren. Je nach Größe der Lerngruppe sollten zwei bis drei Memory-Spiele bereitliegen.
  Wer die Haltbarkeit und die Griffigkeit der Karten erhöhen möchte, sollte wie folgt vorgehen: Die Kopiervorlagen (S. 10/11) auf ein selbstklebendes Etikett im DIN-A4-Format kopieren oder ausdrucken. Die Etiketten auf Siebdruckpappe kleben und an-

schließend mit matter, selbstklebender Bucheinschlagfolie überkleben. Zum Schluss die Karten mit einem Bastel- oder Teppichmesser und Metalllineal ausschneiden.

Damit die Kinder die passenden Abbildungen und Messdaten verinnerlichen, können sie eine Informationshilfe für das Planeten-Memory benutzen. Diese enthält die Spielkarten in richtiger Zuordnung.

● Durchführung:
Auf der Karte mit den Messdaten befindet sich in der linken oberen Ecke ebenfalls eine kleine Abbildung des Planeten, sodass eine zusätzliche Hilfe für die Kinder vorhanden ist. Die Spielregeln des Memory-Spiels sind in der Regel bekannt. Die Kinder können das Spiel aber auch abwandeln und nach anderen Regeln spielen. In diesem Fall sind sie aufgefordert, die Spielregeln zu notieren, damit auch andere Kinder das Spiel nach den abgewandelten Regeln spielen können.

7. Unser Sonnensystem

Die Kinder suchen selbstständig notwendige Informationen aus bereitgestellten Medien. Dabei vertiefen und erweitern sie ihre Kenntnisse über die Eigenschaften der Planeten und den Fixstern unseres Sonnensystems, indem sie Messdaten ausschneiden, zuordnen und vergleichen.

Sozialform:
Einzel- oder Partnerarbeit

Medien:
Arbeitsblatt, Ausschneidebogen mit Bild- und Wortkarten, Schere, Stift, Klebestift, Sachbücher, Lösung

Tipps:

● Material und Vorbereitung:
Das Lösungsblatt sollte in diesem Fall nicht an der Wand befestigt werden, damit die Kinder es zur Kontrolle mit zum Platz nehmen können (s. Durchführung). Bei größeren Lerngruppen sollten mehrere mit Deckblatt versehene Lösungsblätter bereitliegen.

● Durchführung:
Die Kinder legen die ausgeschnittenen Wort- und Bildkarten zunächst nur an die entsprechende Stelle des Arbeitsblattes. Vor dem Aufkleben sollten sie ihr Ergebnis mit der Lösungsvorlage vergleichen, da ein späteres Korrigieren nicht mehr möglich ist.

8. Elektroquiz

Die Schüler sollen die Lerninhalte zum Mond, den Mondphasen, den Planeten und dem Sonnensystem auf motivierende und spielerische Art wiederholen und festigen.

Sozialform:
Einzelarbeit

Medien:
Elektroquiz, vier verschiedene Auflagen

Tipps:

● Material und Vorbereitung:
Das Elektroquiz sowie passende Auflagen können Sie folgendermaßen selbst herstellen: Zunächst werden die Kopiervorlagen laminiert. Dann werden an allen mit einem Punkt gekennzeichneten Stellen Musterklammern von vorne durch die laminierte Elektroquizauflage gesteckt. Das Anritzen der entsprechenden Stellen mit einem handelsüblichen

Lars Kreft: Unterwegs im Universum

Bastelmesser erleichtert das Einstecken der Musterklammern. Anschließend werden auf der Rückseite der Elektroquiz-Auflage alle „richtigen" Antworten durch einen Klingeldraht mit der Frage verbunden. Zur Erhöhung der Kontaktsicherheit können die Verbindungsstellen von Musterklammern und Klingeldraht gelötet werden.

Das Elektroquiz selbst besteht aus einer kleinen Sperrholzplatte (ca. 250 x 250 mm), auf der eine Flachbatterie mit einem Stück Klettband (Vorteile bei Batteriewechsel) oder doppelseitigem Klebeband befestigt wird. Eine der Batteriezungen wird über einen Klingeldraht mit der Fassung einer kleinen Glühlampe (Fahrradlämpchen) verbunden. Die Fassungen der Glühlämpchen lassen sich mit kleinen Holzschrauben auf der Platte befestigen. Ein zweiter Klingeldraht wird mit der anderen Batteriezunge verbunden und bleibt offen. Ein dritter Klingeldraht wird mit der Fassung der Glühlampe verbunden, während das Ende offen bleibt.

Werden nun die beiden offenen Kabelenden miteinander verbunden, fließt Strom und die Glühlampe beginnt zu leuchten. Bei Verwendung der Auflagen fließt nur dann Strom, wenn die passenden Antworten, Begriffe oder Bilder miteinander verbunden werden, indem die Kinder die offenen Enden des Klingeldrahtes an die entsprechenden Musterklammern der Auflage halten.

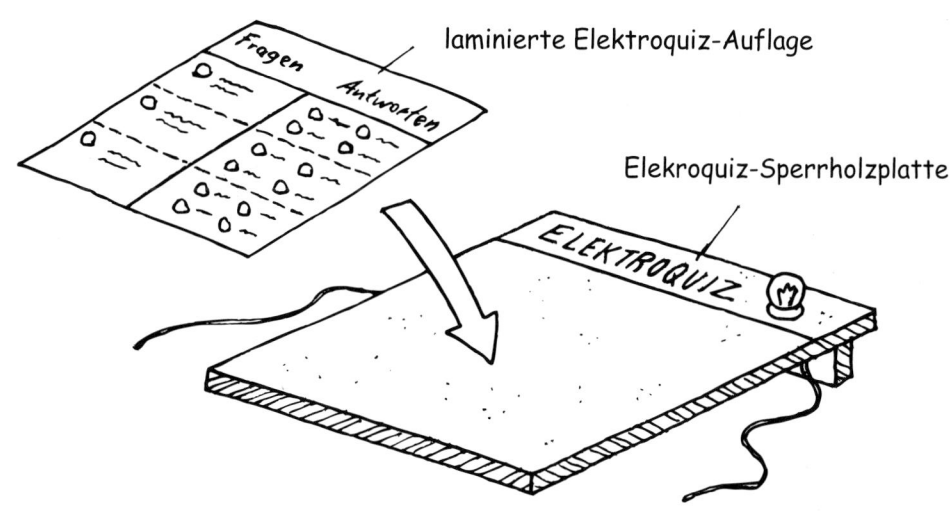

laminierte Elektroquiz-Auflage

Elekroquiz-Sperrholzplatte

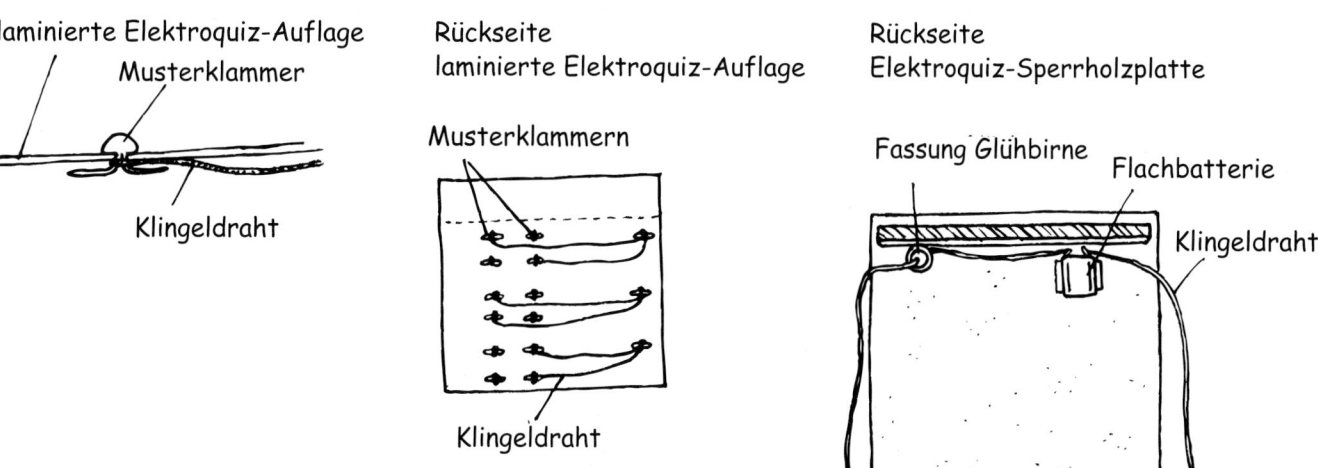

laminierte Elektroquiz-Auflage
Musterklammer
Klingeldraht

Rückseite
laminierte Elektroquiz-Auflage

Musterklammern

Klingeldraht

Rückseite
Elektroquiz-Sperrholzplatte

Fassung Glühbirne
Flachbatterie
Klingeldraht

- Durchführung:
Das Elektroquiz mit den Auflagen sollte in mehrfacher Ausführung zur Verfügung stehen, damit alle Schüler die Chance erhalten, diese Aufgabe zu bearbeiten. Außerdem sollten die Kinder alle vier Auflagebögen nacheinander bearbeiten. Sobald sie mit einer

Auflage fertig sind, legen sie diese zurück und holen sich die nächste. Auf diese Weise können sich mehrere Kinder gleichzeitig mit dem Elektroquiz beschäftigen und jedes Kind kann nach seinem individuellen Tempo arbeiten.

9. Kreuzworträtsel

Hier können die Kinder zwischen drei in Schwierigkeitsgrad und Ausführung variierenden Kreuzworträtseln zu Themen der Astronomie wählen. Bei den Rätseln 1 und 2 müssen sie Fachbegriffe markieren, während in Rätsel 3 passende Fachbegriffe eingesetzt werden müssen. Dadurch vertiefen die Kinder ihre Kenntnisse.

Sozialform:
Einzelarbeit

Medien:
drei verschieden schwierige Kreuzworträtsel, Stift, Lösungsblätter

Tipps:
- Material und Vorbereitung:
  Es bietet sich an, die Rätsel zu laminieren und mit Folienstift ausfüllen zu lassen, um die Kopierkosten zu reduzieren.

10. Sonnenfinsternis

Nachdem die Kinder einen kurzen Text über die Entstehung einer Sonnenfinsternis gelesen haben, führen sie einen Versuch durch und begreifen die Stellung des Mondes zwischen Erde und Sonne als Ursache für die Sonnenfinsternis, indem sie die Versuchsergebnisse vom Modell auf die Wirklichkeit übertragen.

Sozialform:
Einzel- oder Partnerarbeit

Medien:
Arbeitsblatt, Modell vom Mond, gebogene Pappe mit Löchern, Maßband, Stift, Feuerzeug, Teelicht, Lösung

Tipps:
- Material und Vorbereitung:
  Eine weiße Styroporkugel (Mond) wird auf einen Nagel gesteckt. Der Nagelkopf wird in einem mit Knetgummi gefüllten Flaschenverschluss fixiert und bildet so ein Modell des Mondes. In ein gebogenes Stück Pappe (Teil der Erdoberfläche) sind drei Löcher in gleichmäßigen Abständen geschnitten. Ein gelbes Teelicht (Sonne) wird nun im Abstand von 40 cm (von den Kindern selbst abgemessen) vom mittleren Loch der gebogenen Pappe (Erde) aufgestellt. Das Mond-Modell wird nun so zwischen gebogener Pappe (Erde) und Teelicht (Sonne) platziert, dass durch das mittlere „Guckloch" das Teelicht nur noch in Form eines hellen Rings um die Styroporkugel (Mond) zu sehen ist (= totale Sonnenfinsternis). Das Experiment zeigt auch, dass das Bild sich verändert, wenn man durch eines der beiden anderen, links und rechts vom Mittelloch platzierten „Gucklöcher" schaut. Hier ist das Teelicht (Sonne) nur teilweise verdeckt (= partielle Sonnenfinsternis).
  Im Interesse der Sicherheit sind die Kinder auf die Gefahren im Umgang mit Feuer hinzuweisen. Ein Eimer oder eine Schüssel mit Wasser in der Nähe des Angebotes kann zum Löschen bereitgestellt werden.

Lars Kreft: Unterwegs im Universum

- Durchführung:
Wegen der anspruchsvollen Transferleistungen und den Gefahren bei der Versuchs-
durchführung sollte der richtige Versuchsaufbau im Rahmen eines einführenden Rund-
gangs vorgestellt werden. Oft genügt es auch, in Kleingruppen einzelne Lernangebote zu
besprechen, so dass die Kinder in ihrer Funktion als Experte dann als Multiplikatoren
wirken.

11. Sonnenuhr

Die Kinder konstruieren eine Sonnenuhr und vertiefen so handelnd den täglichen Sonnen-
bahnverlauf. Dabei sollen sie auch die Notwendigkeit der Ausrichtung der Sonnenuhr nach
Süden entdecken.

Sozialform:
Einzel- oder Partnerarbeit

Medien:
Bauanleitung, Ausschneidebogen, Schere, Stift,
Klebestift, Kompass, Lösung

Tipps:
- Material und Vorbereitung:
Wenn der Bastelbogen auf dickeres Papier kopiert oder auf Karton geklebt wird, erhöht
dies die Stabilität und damit die Standfestigkeit der Sonnenuhr.
Die Kinder sollten zuvor in dem Umgang mit einem Kompass eingewiesen werden. Es ist
denkbar, die Himmelsrichtungen durch eine Messung im Klassenraum zu bestimmen und
die Himmelsrichtungen dann durch eine an der Decke befestigte Windrose anzuzeigen.
Die Sonnenuhr funktioniert natürlich nur dann im Klassenraum, wenn die Fensterseite
des Raums nach Süden zeigt.

- Durchführung:
Zur Vorbereitung und Einführung in die Thematik sollte im Vorfeld der Werkstatt fol-
gendes Experiment durchgeführt werden, auf das auch in der Aufgabenstellung Bezug
genommen wird:
In ein ca. DIN A3 großes Stück Pappe (Rückseite eines Zeichenblocks) wird ein kleines
Loch geschnitten. Die Pappscheibe wird nun so vor das Fenster gehalten, dass die Sonne
durch das Loch scheint und einen Lichtpunkt an die der Fensterseite gegenüberliegende
Wand wirft. Der Punkt an der Wand wird markiert; ebenso wird die Position des Loches
der Pappscheibe am Fenster mit einem Klebepunkt markiert. Die Messung wird in Zeit-
intervallen von 20–30 Minuten wiederholt. Dabei wird die Pappscheibe bei jeder weite-
ren Messung so verschoben, dass der durch das Loch fallende Lichtstrahl immer genau
den an der Wand markierten Punkt der ersten Messung trifft. Je nachdem über wel-
chen Zeitraum die Messungen wiederholt werden (ggf. nachmittags), zeigen die Klebepunkte am Fenster einen Teil des kurvenförmigen Sonnenbahnverlaufs. Der Versuch
funktioniert natürlich nur dann, wenn morgens die Sonne durch die Fenster des Klassen-
raums scheint.
Das Lernangebot und die Besprechung der Ergebnisse sollte zum Gegenstand einer
Zwischen- oder Abschlussreflexion gemacht werden.

12. Der Flug zum Mond

Der kindgerechte Lesetext enthält Informationen über die Mondlandung. Die Kinder beantworten einige Fragen zum Verständnis des Textes und können als Zusatzaufgabe (mit den im Text enthaltenen Informationen) die Entfernung von Erde und Mond berechnen.

Sozialform:
Einzelarbeit

Medien:
Lesetext, Arbeitsblatt, Stift, Lösung

Tipps:

● Material und Vorbereitung:
Um die Kopierkosten zu reduzieren, können die Arbeitsblätter auch laminiert und mit Folienstift bearbeitet werden.

● Durchführung:
Die Zusatzaufgabe ist sehr anspruchsvoll. Damit auch andere Kinder den Lösungsweg nachvollziehen können, sollte das Lernangebot in einer Abschlussreflexion besprochen werden. Schon vorher können Kinder, die die Aufgabe gelöst haben, in den ritualisierten Zwischenreflexionen Tipps weitergeben, wie man den Lösungsweg finden kann.

13. Satellitenprojekt

Die Kinder entnehmen einem Informationstext Hinweise über die Funktionszwecke künstlicher Satelliten und konstruieren das Modell eines Satelliten aus Verpackungsmaterialien. So erhalten sie über die Konstruktion eines Satellitenmodells einen Einblick in den Aufbau und die Funktionsweise von Satelliten.

Sozialform:
Einzel- oder Partnerarbeit

Medien:
Arbeitsblatt, Schere, Klebestift, Pappschachteln, Aluminiumfolie, Pappe, Eierkarton, Draht, Stift

Tipps:

● Material und Vorbereitung:
Da das Arbeitsblatt nur die Bastelanleitung und Tipps enthält und die Kinder hier nichts ausfüllen müssen, sollte das Arbeitsblatt laminiert werden.

● Durchführung:
In einer Zusatzaufgabe können die Kinder eine Bastelanleitung zum Bau eines Satelliten verfassen. Die Kinder sollten Gelegenheit haben, ihre Handlungsprodukte in einer Zwischenreflexion vorzustellen und im Klassenraum auszustellen.

14. Keine Luft!

Dieses Experiment soll die Bedingungen im Weltraum simulieren. Ein kurzer Lesetext gibt den Kindern vor Beginn des Versuchs einige Informationen zur Atmosphäre der Erde. Nachdem die Kinder die Luft aus einer Flasche gesaugt haben, entsteht ein Druckgefälle zwischen dem Luftvakuum im Luftballon und der Lufthülle, die den Ballon in der Flasche umgibt. Da sich dieses Druckgefälle auszugleichen versucht, drückt die Luft von außen in

Lars Kreft: Unterwegs im Universum

den Ballon, der sich in der Folge ausdehnt. Übertragen auf die Bedingungen im luftleeren Weltraum bedeutet dies, dass ein Mensch platzen würde und nicht ohne luftgefüllten Raumanzug überleben könnte.

Sozialform:	**Medien:**
Einzel- oder Partnerarbeit	Arbeitsblatt, Stift, Flasche mit Strohhalmen und Ballon, weitere Strohhalme, Lösung

Tipps:

● Material und Vorbereitung:
Eine handelsübliche 1-l-Glasflache mit breitem Deckel (Saftflasche) wird dazu folgendermaßen präpariert: In den Deckel werden zwei Löcher gestoßen, sodass je ein Plastikstrohhalm hindurchgesteckt werden kann. Die Lücken können mit Knetgummi abgedichtet werden. Auf einen der beiden Strohhalme wird der Luftballon gezogen und mit einem Gummiband am Strohhalm befestigt, damit er nicht abrutschen kann. Der in der Flasche eingehängte Luftballon sollte unbedingt vorher und am besten mehrmals aufgeblasen worden sein. Das Modell kann entweder vom Lehrer bereitgestellt, aber auch von den Kindern selbst hergestellt werden. Aus hygienischen Gründen sollte der zum Heraussaugen der Luft benutzte Strohhalm nach jedem Versuch ausgetauscht werden.

● Durchführung:
Um auch hier sicherzustellen, dass der Transfer vom Modell auf die Wirklichkeit von allen Kindern nachvollzogen werden kann, sollte der Versuch in einer Zwischenreflexion besprochen werden.

15. Wettlauf im All

Hier können die Kinder an einem vereinfachten Modell handelnd erfahren, wie eine Rakete angetrieben wird und dass eine Rakete ein Leitsystem braucht, um die Flugrichtung kontrollieren zu können.

Sozialform:	**Medien:**
Partnerarbeit	Arbeitsblatt, Stift, Tesafilm, Strohhalme, Angelschnur, Schere, Wurstluftballons, Ballonpumpe, Lösung

Tipps:

● Material und Vorbereitung:
Zur Durchführung des Versuches ist der Flurbereich geeignet. Der Versuch kann auch draußen durchgeführt werden.

● Durchführung:
Die Ballonrakete wird dadurch angetrieben, dass die Luft mit großer Schnelligkeit entweichen kann. Dieser Druck muss größer sein als der atmosphärische Luftdruck. In seinen Bewegungen ist der Ballon zunächst unkontrolliert. Für eine gerichtete (sinnvolle) Bewegung benötigt die Ballonrakete ein Leit- oder Lenksystem, das hier durch den gespannten Faden dargestellt wird. In Wirklichkeit sind Raketen mit Leitwerken („Flossen") und zusätzlich mit Steuerdüsen ausgestattet, über welche die Flugrichtung beeinflusst bzw. kontrolliert wird.

16. Sternbilder

Nachdem die Kinder einen kurzen Text über die Entstehung der Sternbilder gelesen haben, können sie selbst Sternbilder erfinden und benennen oder ihnen bekannte Sternbilder einzeichnen, indem sie die Sterne auf einer nicht beschrifteten Sternkarte mit einem Lackstift durch Linien verbinden. Als Hilfsmittel dienen auch hier Sachbücher.

Sozialform:

Einzel- oder Partnerarbeit

Medien:

Arbeitsblatt, Sachbücher, Lackstifte

Tipps:

● Material und Vorbereitung:

Im Vorfeld der Werkstatt sollten Sternbilder bereits thematisiert werden. Eine Sternkarte für eine Einführungsstunde, mit deren Hilfe sich über den Tageslichtschreiber ein Sternbild an die Wand projizieren lässt, stellen Sie so her:

Sie legen die kopierte Seite aus einer Sternkarte oder einem Sachbuch mit dem Sternbild auf ein Stück Pappe (Rückseite eines Zeichenblocks) und stechen mit einer Nadel oder einem Dosenstecher Löcher durch die Sterne. Nun können Sie diese Pappe auf einen Tageslichtschreiber legen und das Bild an die Decke werfen. So erzeugen Sie in einem abgedunkelten Raum einen beeindruckenden künstlichen Sternhimmel.

Als Hilfsmittel zur Bearbeitung der Aufgabe dienen Sachbücher, ggf. auch vorhandene PC-Software. Wenn die Kinder keinen eigenen Lackstift haben, genügt es zwei oder drei zum Angebot zu legen.

● Durchführung:

Der Umgang mit einem Lackstift sowie die Notwendigkeit, diesen nach Gebrauch wieder fest zu verschließen, sollte mit den Kindern im Vorfeld besprochen werden. Das Angebot eignet sich gut für eine Zwischenreflexion, da keine Ergebnisse vorweggenommen werden.

Die vor rund 2000 Jahren im antiken Griechenland von den Astronomen benannten Sternbilder gründeten auf deren Beobachtung und Fantasie, genauso wie die von den Kindern selbst benannten Sternbilder. Dies sollte in einer Zwischenreflexion deutlich gemacht werden.

Lars Kreft: Unterwegs im Universum

Unterwegs im Universum

Sternforscher: _____

Nr.	Angebot	Experte	✔	L
1	Mondkiste			
2	Mondphasenuhr			
3	Modell von Erde und Mond			
4	Geschichte des Universums			
5	Steckbrief eines Planeten			
6	Planeten-Memory			
7	Unser Sonnensystem			
8	Elektroquiz			
9	Kreuzworträtsel			
10	Sonnenfinsternis			
11	Sonnenuhr			
12	Der Flug zum Mond			
13	Satellitenprojekt			
14	Keine Luft!			
15	Wettlauf im All			
16	Sternbilder			

✔ = Hier hakst du ab, wenn du mit dem Angebot fertig bist.
L = Hier hakt die Lehrerin/der Lehrer ab.

Mein Buch
vom Universum

Name: _____

Lars Kreft: Unterwegs im Universum

1 bis

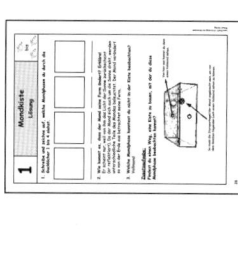

Mondkiste

Mit der Mondkiste kannst du entdecken,
wieso der Mond manchmal voll und manchmal halb voll aussieht.

Deine Aufgabe:

1. Lies die Versuchsanleitung auf dem AB 1.
2. Zeichne deine Beobachtungen auf dem AB 2 auf.
3. Beantworte die Fragen zum Versuch auf dem AB 1.

Für diese Aufgabe benötigst du:

AB 1 und 2   Stift   Mondkiste   Taschenlampe   Knetgummi   Lösung

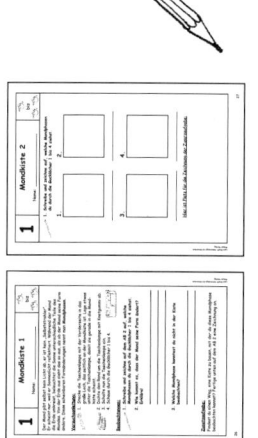

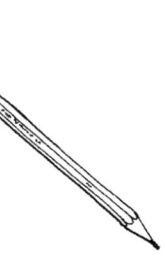

1 Mondkiste 1

Name: _____

bis

Der Mond gibt selbst kein Licht ab, er ist kein „Selbststrahler".
Er scheint nur, weil er Sonnenlicht reflektiert. Während der Mond
die Erde umkreist, beleuchtet die Sonne unterschiedliche Teile des
Mondes. Von der Erde aus sieht das so aus, als ob der Mond seine Form
ändere. Diese scheinbaren Formänderungen nennt man **Mondphasen**.

Versuchsanleitung:

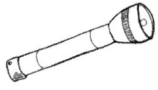
1. Stecke die Taschenlampe mit der Vorderseite in das
   große Loch, das seitlich an der Mondkiste ist. Lege etwas
   unter die Taschenlampe, damit sie gerade in die Mondkiste scheint.

2. Dichte den Rand um die Taschenlampe mit Knetgummi ab.
3. Schalte nun die Taschenlampe ein.
4. Schaue durch die Gucklöcher 1 bis 4.

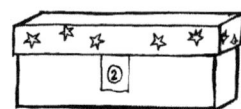

Beobachtungen:

1. **Schreibe und zeichne auf dem AB 2 auf, welche
   Mondphasen du durch die Gucklöcher 1 bis 4 siehst.**

2. **Wie kommt es, dass der Mond seine Form ändert?
   Erkläre!**

   _____

   _____

   _____

3. **Welche Mondphase konntest du nicht in der Kiste
   beobachten?**

   _____

   _____

Zusatzaufgabe:

Findest du einen Weg, eine Kiste zu bauen, mit der du diese Mondphase
beobachten kannst? Fertige unten auf dem AB 2 eine Zeichnung an.

Lars Kreft: Unterwegs im Universum

Mondkiste 2

Name: _____

 1. Schreibe und zeichne auf, welche Mondphasen
du durch die Gucklöcher 1 bis 4 siehst.

1.

_____

2.

_____

3.

_____

4.

_____

<u>Hier ist Platz für die Zeichnung der Zusatzaufgabe:</u>

1. Schreibe und zeichne auf, welche Mondphasen du durch die Gucklöcher 1 bis 4 siehst.

_____ _____ _____ _____

2. **Wie kommt es, dass der Mond seine Form ändert? Erkläre!**
   Er scheint nur, weil von ihm das Licht der Sonne zurückscheint (er reflektiert). Da der Mond sich auch um die Sonne dreht, werden unterschiedliche Teile des Mondes beleuchtet. Der Mond verändert so von der Erde aus betrachtet seine Form.

3. **Welche Mondphase konntest du nicht in der Kiste beobachten?**
   Vollmond

<u>Zusatzaufgabe:</u>

Findest du einen Weg, eine Kiste zu bauen, mit der du diese Mondphase beobachten kannst?

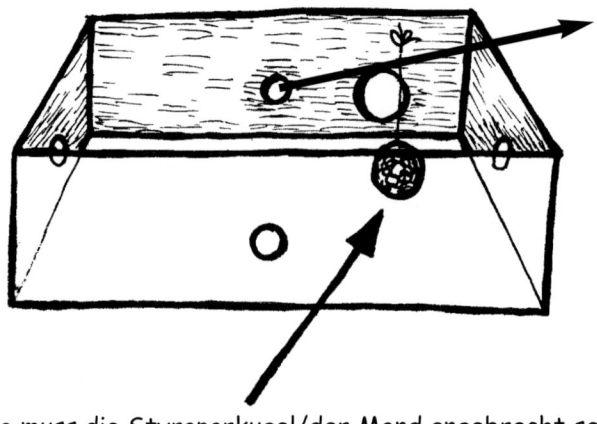

Von hier aus kannst du dann einen Vollmond sehen.

So muss die Styroporkugel/der Mond angebracht sein, um von dem daneben liegenden Loch einen Vollmond sehen zu können.

Lars Kreft: Unterwegs im Universum

2

Mondphasenuhr

bis

Hier kannst du eine Mondphasenuhr bauen. Damit kannst du herausfinden, wie der Mond an einem bestimmten Tag aussieht.

Deine Aufgabe:

1. Folge der Arbeitsanweisung auf dem Ausschneidebogen.
2. Stelle die Mondphasenuhr mithilfe des Mondkalenders auf das heutige Datum ein und male ein passendes Bild von der Mondphase.
3. Welche Mondphase werden wir in zwei Wochen haben?

Für diese Aufgabe benötigst du:

AB   Ausschneidebogen   Mondphasenuhr   Mondkalender   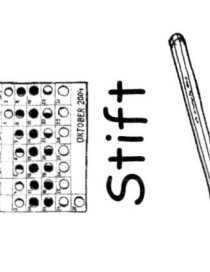  Schere

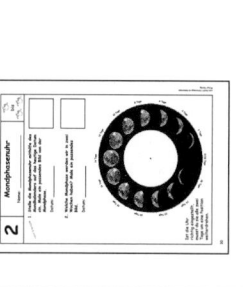 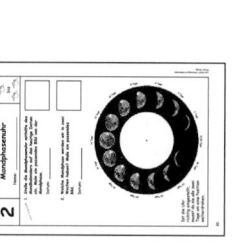 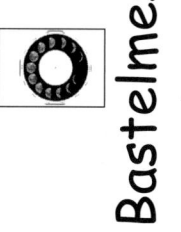 

Bastelmesser   Stift   Musterklammer

Mondphasenuhr

Name: _____

 bis

1. **Stelle die Mondphasenuhr mithilfe des Mondkalenders auf das heutige Datum ein. Male ein passendes Bild von der Mondphase.**

   Datum: _____

2. **Welche Mondphase werden wir in zwei Wochen haben? Male ein passendes Bild.**

   Datum: _____

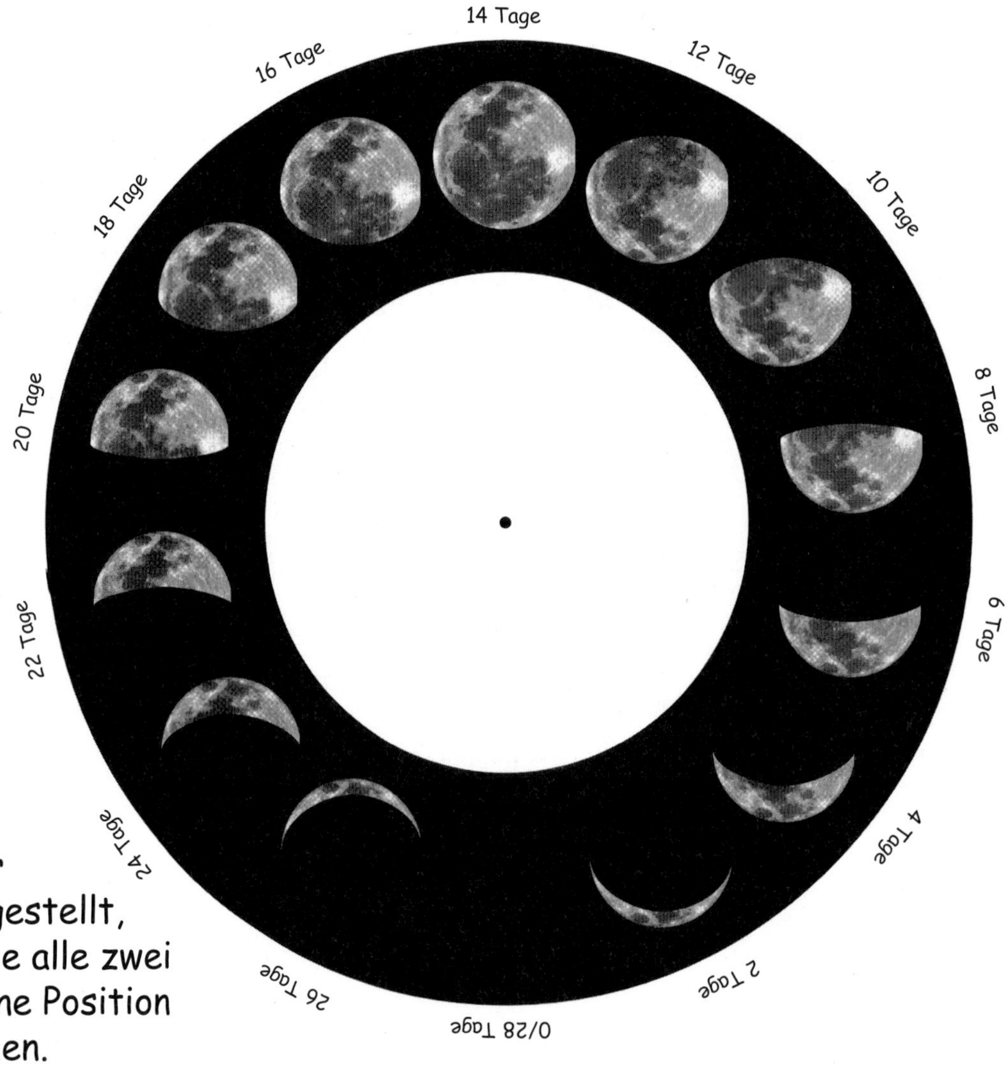

14 Tage
16 Tage
12 Tage
18 Tage
10 Tage
20 Tage
8 Tage
22 Tage
6 Tage
24 Tage
4 Tage
26 Tage
2 Tage
0/28 Tage

Ist die Uhr richtig eingestellt, musst du sie alle zwei Tage um eine Position weiterdrehen.

Lars Kreft: Unterwegs im Universum

2

Mondphasenuhr
Ausschneidebogen

bis

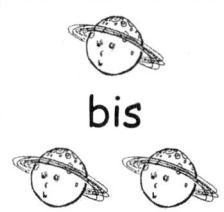

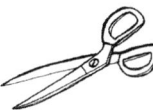

1. Schneide diese große, schwarze Scheibe aus.
2. Schneide das Guckloch auf der Scheibe aus.
3. Lege diese Scheibe genau auf die Scheibe des AB „Mondphasenuhr".
4. Schlitze mit dem Bastelmesser einen kleinen Ritz in das kleine Loch in der Mitte des Kreises.
5. Stecke eine Musterklammer durch das kleine Loch.

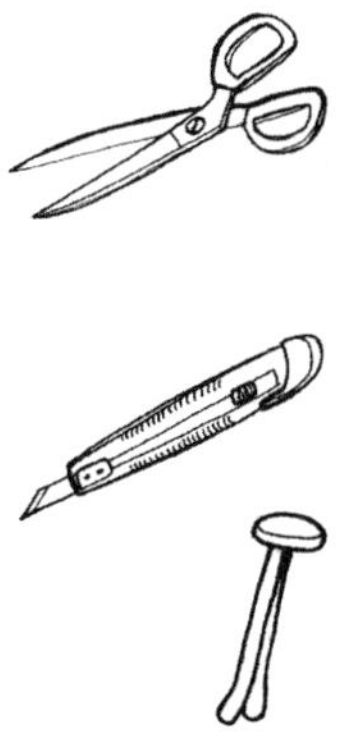

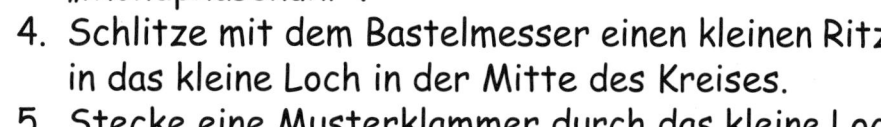

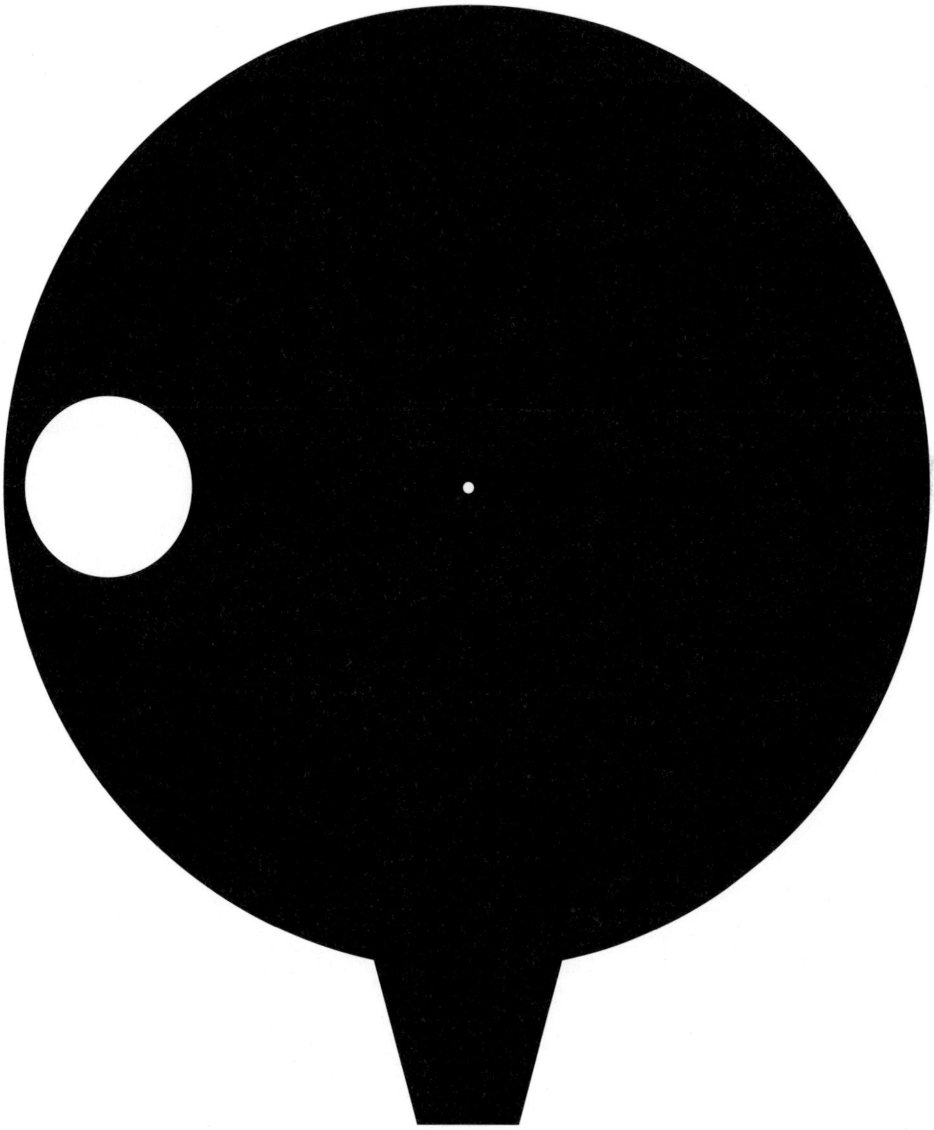

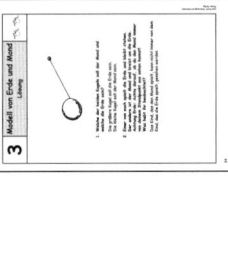

3

Modell von Erde und Mond

Hier könnt ihr etwas über die Größe des Mondes und seine Entfernung von der Erde erfahren.

Eure Aufgabe:

1. Schaut euch das Modell von Erde und Mond an und beantwortet die Fragen auf dem AB.
2. Führt zu zweit den Versuch durch und notiert eure Beobachtungen.

Für diese Aufgabe benötigt ihr:

AB   Stift   Modell von Erde und Mond

Lösung

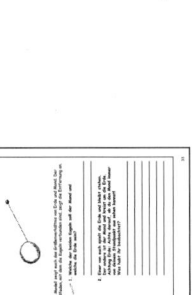

3 Modell von Erde und Mond

Name: _____

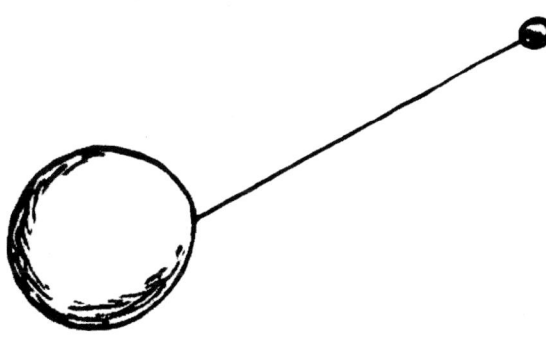

Das Modell zeigt euch das Größenverhältnis von Erde und Mond. Der Bindfaden, mit dem die Kugeln verbunden sind, zeigt die Entfernung an.

 **1. Welche der beiden Kugeln soll der Mond und welche die Erde sein?**

_____

_____

2. Einer von euch spielt die Erde und bleibt stehen. Der andere ist der Mond und kreist um die Erde. Achtung Erde: Achte darauf, ob du den Mond immer von deinem Standpunkt aus sehen kannst! Was habt ihr beobachtet?

_____

_____

_____

_____

_____

1. **Welche der beiden Kugeln soll der Mond und welche die Erde sein?**

   Die größere Kugel soll die Erde sein.
   Die kleine Kugel soll der Mond sein.

2. **Einer von euch spielt die Erde und bleibt stehen. Der andere ist der Mond und kreist um die Erde. Achtung Erde: Achte darauf, ob du den Mond immer von deinem Standpunkt aus sehen kannst! Was habt ihr beobachtet?**

   Das Kind, das den Mond spielt, kann nicht immer von dem Kind, das die Erde spielt, gesehen werden.

Lars Kreft: Unterwegs im Universum

bis

4

Geschichte des Universums

Hier erfährst du etwas darüber, wie das Weltall entstanden ist und wie es sich weiter ausdehnt.

Deine Aufgabe:

1. Lies den Text auf dem AB.
2. Führe dann den Versuch durch.
   Beachte dabei die Versuchsanleitung!
3. Beantworte die Fragen zum Versuch.

Für diese Aufgabe benötigst du:

AB   Stift   Luftballons   Ballonpumpe   Klebepunkte   Maßband

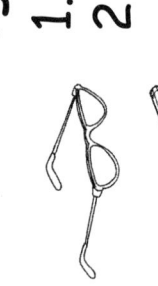  

Lesetext:

Wie das Universum entstanden ist, kann man nicht genau sagen. Die Wissenschaftler vermuten, es sei mit einem unvorstellbar heftigen Knall, dem „Urknall", entstanden. Nach dem Urknall sollen sich riesige Gaswolken im All ausgebreitet haben.

Aus den Gaswolken haben sich dann Sterne und Planeten gebildet. Ansammlungen von Sternen (= Sonnen) heißen Galaxien. Das Universum besteht aus Milliarden solcher Galaxien. Der Astronom Edwin Hubble beobachtete, dass sich das Universum als Folge des vermuteten „Urknalls" immer noch ausdehnt und sich die Galaxien immer weiter voneinander entfernen.

Versuchsanleitung:

1. Blase einen Luftballon mit der Ballonpumpe so weit auf, dass du einige der Klebepunkte auf den Ballon kleben kannst.
   Die Klebepunkte sollen die Galaxien sein.

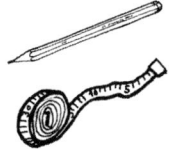

2. Markiere zwei der Klebepunkte mit einem Stift und miss die Entfernung zwischen beiden Klebepunkten mit einem Maßband.

   _____ cm

3. Blase den Ballon langsam ein kleines Stück weiter auf.
   Miss die Entfernung zwischen den beiden Klebepunkten.

   _____ cm

4. Blase den Ballon nun ganz auf.
   Miss noch einmal die Entfernung zwischen den beiden Klebepunkten.

   _____ cm

5. Wie groß ist der Unterschied zur ersten und zweiten Messung?

   Unterschied zwischen 1. und 2. Messung: _____ cm

   Unterschied zwischen 1. und 3. Messung: _____ cm

6. Was passiert mit dem Abstand zwischen den Klebepunkten (Galaxien)?

   _____

Lars Kreft: Unterwegs im Universum

bis

5

Steckbrief eines Planeten

Hier kannst du einen Steckbrief von einem Planeten des Sonnensystems anfertigen.

Deine Aufgabe:

1. Suche dir einen Planeten im Sonnensystem, den du genauer erforschen möchtest.
   Auf dem AB findest du als Hilfe eine Auswahl von Fragen, die du mit deinem Steckbrief beantworten könntest.
2. Suche dir Informationen zu dem Planeten aus Sachbüchern.

Für diese Aufgabe benötigst du:

AB   Sachbücher   Zeichenblockblatt   Stift

bis

5 Steckbrief eines Planeten

Name: _____

1. **Suche dir einen Planeten im Sonnensystem, den du genauer erforschen möchtest. Unten findest du als Hilfe eine Auswahl von Fragen, die du mit deinem Steckbrief beantworten könntest.**

2. **Suche dir Informationen zu dem Planeten aus Sachbüchern.**

Wie heißt der Planet?

Woher kommt der Name des Planeten?

Wie weit ist der Planet von der Sonne entfernt?

Wie groß ist der Planet (Durchmesser)?

Hat der Planet Monde? Wie viele?

Wie lange dauert es, bis der Planet einmal die Sonne umrundet hat?

Wie lange dauert es, bis der Planet sich einmal um sich selbst gedreht hat?

Wie heiß oder kalt kann es auf dem Planeten werden?

Woraus besteht der Planet?

Hat der Planet eine Atmosphäre?

Wie sieht die Oberfläche des Planeten aus?

Wann wurde der Planet entdeckt?

Wer entdeckte den Planeten?

Merksatz:

Mein **V**ater **e**rklärt **m**ir **j**eden **S**onntag **u**nseren **N**achthimmel.

Mit diesem Satz kannst du dir die Reihenfolge der Planeten merken. Die Anfangsbuchstaben der acht Wörter sind gleichzeitig die Anfangsbuchstaben der acht Planeten unseres Sonnensystems. Die Reihenfolge ist nach dem Abstand zur Sonne geordnet. Du kannst hier auch einen eigenen Merksatz erfinden:

_____

Lars Kreft: Unterwegs im Universum

Lars Kreft: Unterwegs im Universum
©Auer Verlag

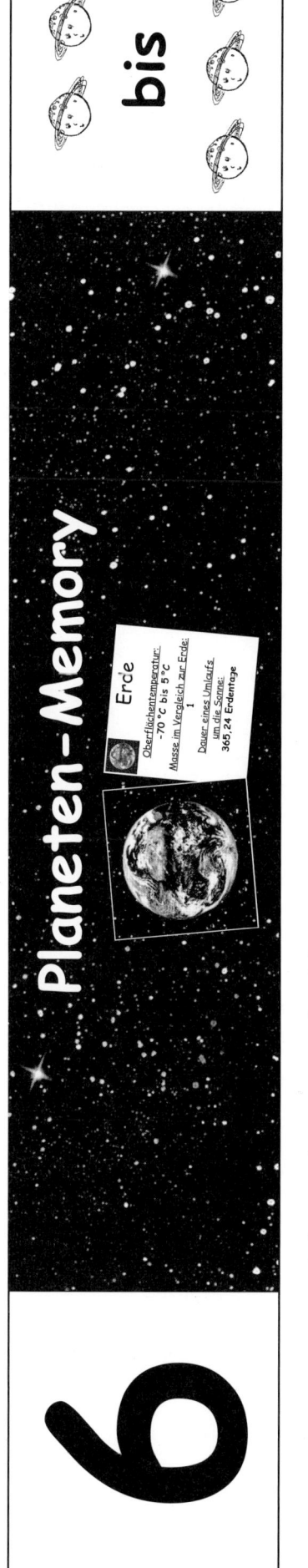

Planeten-Memory

6 bis

Hier könnt ihr beim Memoryspielen mehr über die Planeten unseres Sonnensystems erfahren.

Eure Aufgabe:

1. Spielt das Planeten-Memory.
2. Wenn ihr Hilfe braucht, nehmt euch die Informationshilfe. Dort findet ihr alle Daten zu den einzelnen Planeten.

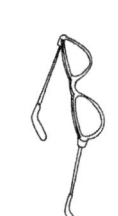

Für diese Aufgabe benötigt ihr:

Planeten-Memory   Informationshilfe für das Planeten-Memory

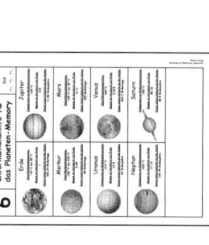

Erde

Oberflächentemperatur:
-70 °C bis 55 °C

Masse im Vergleich zur Erde:
1

Dauer eines Umlaufs um die Sonne:
365,24 Erdentage

Jupiter

Temperatur an Wolkenobergrenze:
-130 °C

Masse im Vergleich zur Erde:
318

Dauer eines Umlaufs um die Sonne:
11,86 Erdenjahre

Merkur

Oberflächentemperatur:
-180 °C bis 430 °C

Masse im Vergleich zur Erde:
0,05

Dauer eines Umlaufs um die Sonne:
88 Erdentage

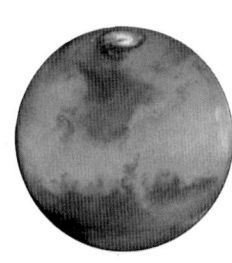

Mars

Oberflächentemperatur:
-125 °C bis 20 °C

Masse im Vergleich zur Erde:
0,11

Dauer eines Umlaufs um die Sonne:
687 Erdentage

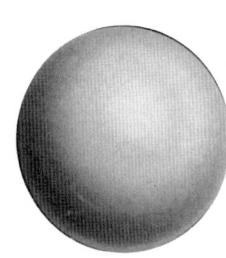

Uranus

Temperatur an Wolkenobergrenze:
-214 °C

Masse im Vergleich zur Erde:
14,5

Dauer eines Umlaufs um die Sonne:
84 Erdenjahre

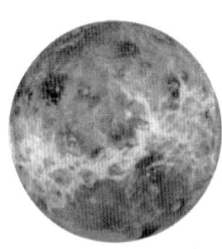

Venus

Oberflächentemperatur:
465 °C

Masse im Vergleich zur Erde:
0,815

Dauer eines Umlaufs um die Sonne:
224,7 Erdentage

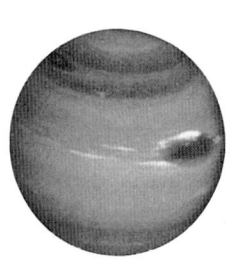

Neptun

Temperatur an Wolkenobergrenze:
-220 °C

Masse im Vergleich zur Erde:
17,14

Dauer eines Umlaufs um die Sonne:
164,79 Erdenjahre

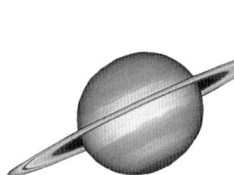

Saturn

Temperatur an Wolkenobergrenze:
-150 °C

Masse im Vergleich zur Erde:
95,18

Dauer eines Umlaufs um die Sonne:
29,5 Erdenjahre

Lars Kreft: Unterwegs im Universum

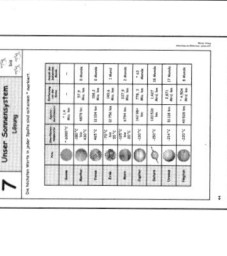

Unser Sonnensystem

bis

7

Hier kannst du die neun Planeten und die Sonne näher erforschen.

Deine Aufgabe:

1. In der Tabelle auf dem AB sind Daten zu den Planeten und der Sonne gesucht. Schlage die Informationen in Sachbüchern nach.
2. Schneide die Kärtchen aus und lege sie an die richtige Stelle der Tabelle.
3. Kontrolliere mit der Lösung.
4. Klebe die Kärtchen fest.
5. Markiere den höchsten Wert in jeder Spalte mit einem Stift.

Für diese Aufgabe benötigst du:

Sachbücher Ausschneidebogen Schere Klebestift Stift

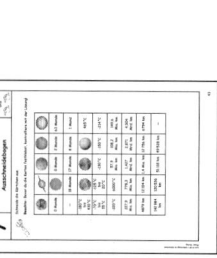

AB

Lösung

41

7 Unser Sonnensystem

Name: _____

bis

1. Suche dir die gesuchten Informationen aus Sachbüchern.
2. Lege die ausgeschnittenen Kärtchen an die richtige Stelle.
3. Kontrolliere mit der Lösung und klebe dann die Kärtchen fest.
4. Markiere den höchsten Wert in jeder Spalte mit einem Stift.

	Foto	Oberflächen-temperatur	Äquator-durchmesser	Entfernung von der Sonne	Anzahl der bekannten Monde
Sonne					
Merkur					
Venus					
Erde					
Mars					
Jupiter					
Saturn					
Uranus					
Neptun					

Lars Kreft: Unterwegs im Universum
© Auer Verlag

Unser Sonnensystem
Ausschneidebogen

 Schneide die Kärtchen aus.

Beachte: Bevor du die Karten festklebst, kontrolliere mit der Lösung!

0 Monde		0 Monde	2 Monde	63 Monde
—	18 Monde	17 Monde	8 Monde	1 Mond
-180°C bis 430°C				465°C
-70°C bis 55°C	-125°C bis 20°C	-130°C	-150°C	-214°C
-220°C	6000°C	57,9 Mio. km	108,2 Mio. km	149,6 Mio. km
227,9 Mio. km	778,3 Mio. km	1,427 Mrd. km	2,871 Mrd. km	4,504 Mrd. km
4879 km	12 104 km	1,4 Mio. km	12 756 km	6794 km
142 984 km	120 536 km	51 118 km	49 528 km	—

bis

Die höchsten Werte in jeder Spalte sind mit einem * markiert.

	Foto	Oberflächen-temperatur	Äquator-durchmesser	Entfernung von der Sonne	Anzahl der bekannten Monde
Sonne		* 6000 °C	* 1,4 Mio. km	—	—
Merkur		-180 °C bis 430 °C	4879 km	57,9 Mio. km	0 Monde
Venus		465 °C	12 104 km	108,2 Mio. km	0 Monde
Erde		-70 °C bis 55 °C	12 756 km	149,6 Mio. km	1 Mond
Mars		-125 °C bis 20 °C	6794 km	227,9 Mio. km	2 Monde
Jupiter		-130 °C	142 984 km	778, 3 Mio. km	* 63 Monde
Saturn		-150 °C	120 536 km	1,427 Mrd. km	18 Monde
Uranus		-214 °C	51 118 km	2,871 Mrd. km	17 Monde
Neptun		-220 °C	49 528 km	* 4,504 Mrd. km	8 Monde

Lars Kreft: Unterwegs im Universum
© Auer Verlag

Lars Kreft: Unterwegs im Universum
©Auer Verlag

Elektroquiz

8

Mit dem Elektroquiz kannst du selbst überprüfen, was du schon weißt.

Deine Aufgabe:

Nimm dir eine Auflage für das Elektroquiz und überprüfe selbst dein Wissen.

Wenn die Lampe leuchtet, ist die Antwort richtig!

1: Was ich von unserem Mond weiß   3: Planeten des Sonnensystems

2: Mondphasen   4: Unser Sonnensystem

Für diese Aufgabe benötigst du:

Auflagen für Elektroquiz 1–4

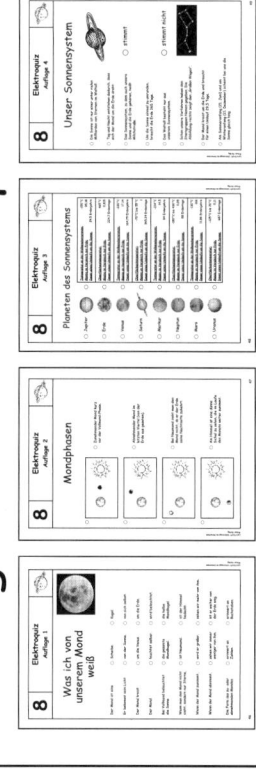

Was ich von unserem Mond weiß

Der Mond ist eine	○ Scheibe.	○ Kugel.
Er bekommt sein Licht	○ von der Sonne.	○ von sich selbst.
Der Mond kreist	○ um die Venus.	○ um die Erde.
Der Mond	○ leuchtet selber.	○ wird beleuchtet.
Bei Vollmond beleuchtet die Sonne	○ die gesamte Mondkugel.	○ die halbe Mondkugel.
Wenn man den Mond nicht sieht, sondern nur Sterne,	○ ist Neumond.	○ ist der Himmel bedeckt.
Wenn der Mond zunimmt,	○ wird er größer.	○ sehen wir mehr von ihm.
Wenn der Mond abnimmt,	○ sehen wir immer weniger von ihm.	○ ist er weiter von der Erde weg.
Die Form des zu- oder abnehmenden Mondes	○ erinnert an Zahlen.	○ erinnert an Buchstaben.

Lars Kreft: Unterwegs im Universum
© Auer Verlag

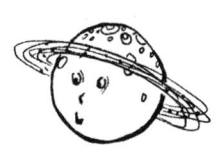

Mondphasen

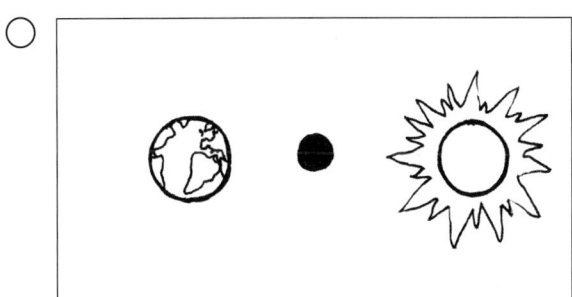

○ Zunehmender Mond kurz vor der Vollmond-Phase.

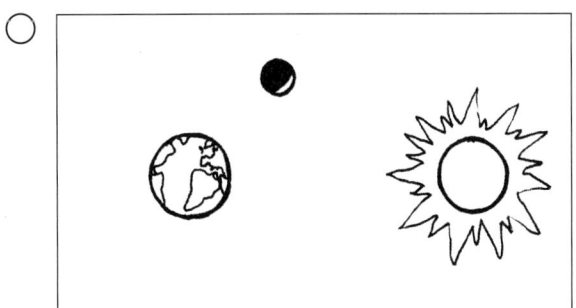

○ Abnehmender Mond im letzten Viertel (von der Erde aus gesehen).

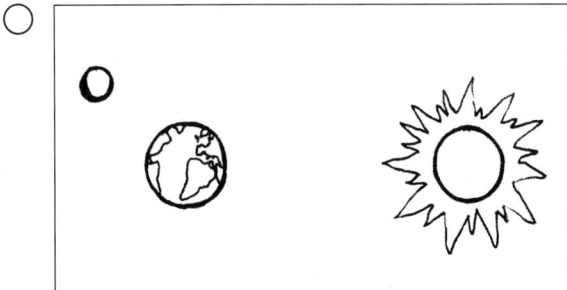

○ Bei Neumond sieht man den Mond nicht, da er der Erde seine Nachtseite zukehrt.

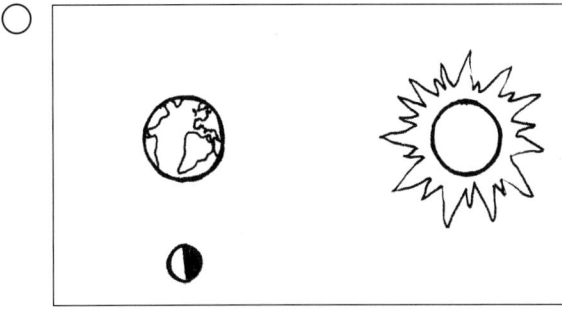

○ Am Himmel ist eine dünne Sichel zu sehen, die im Laufe des Monats weiter zunimmt.

Planeten des Sonnensystems

○ Jupiter  ○
Temperatur an der Wolkenobergrenze:	-150 °C
Masse im Vergleich zur Erde:	95,18
Dauer eines Umlaufs um die Sonne:	29,5 Erdenjahre

○ Erde  ○
Oberflächentemperatur:	465 °C
Masse im Vergleich zur Erde:	0,815
Dauer eines Umlaufs um die Sonne:	224,7 Erdentage

○ Venus 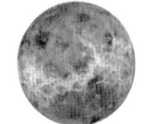 ○
Temperatur an der Wolkenobergrenze:	-220 °C
Masse im Vergleich zur Erde:	17,14
Dauer eines Umlaufs um die Sonne:	164,79 Erdenjahre

○ Saturn  ○
Oberflächentemperatur:	-70 °C bis 55 °C
Masse im Vergleich zur Erde:	1
Dauer eines Umlaufs um die Sonne:	365,24 Erdentage

○ Merkur  ○
Temperatur an der Wolkenobergrenze:	-214 °C
Masse im Vergleich zur Erde:	14,5
Dauer eines Umlaufs um die Sonne:	84 Erdenjahre

○ Neptun 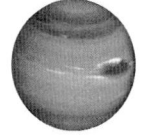 ○
Oberflächentemperatur:	-180 °C bis 430 °C
Masse im Vergleich zur Erde:	0,05
Dauer eines Umlaufs um die Sonne:	88 Erdentage

○ Mars  ○
Temperatur an der Wolkenobergrenze:	-130 °C
Masse im Vergleich zur Erde:	318
Dauer eines Umlaufs um die Sonne:	11,86 Erdenjahre

○ Uranus  ○
Oberflächentemperatur:	-125 °C bis 20 °C
Masse im Vergleich zur Erde:	0,11
Dauer eines Umlaufs um die Sonne:	687 Erdentage

Lars Kreft: Unterwegs im Universum
©Auer Verlag

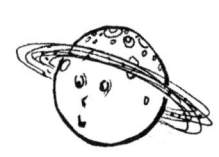
Unser Sonnensystem

○ Die Sonne ist nur einer unter vielen
   Milliarden von Sternen im Weltall.

○ Tag und Nacht entstehen dadurch, dass
   sich der Mond um die Erde dreht.

○ Das Sonnensystem, zu dem auch unsere
   Sonne und die Erde gehören, heißt
   Milchstraße.

○ stimmt

○ Um die Sonne einmal zu umrunden,
   braucht die Erde 365 Tage.

○ Das Weltall besteht nur aus
   unserem Sonnensystem.

○ stimmt nicht

○ Schon unsere Vorfahren haben den
   Sterngruppen Namen gegeben. Die
   Abbildung rechts zeigt den „Großen Wagen".

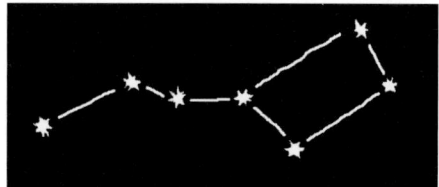

○ Der Mond kreist um die Erde und braucht
   für einen Umlauf 29,5 Tage.

○ Am Sommeranfang (21. Juni) und am
   Winteranfang (21. Dezember) scheint bei uns die
   Sonne gleich lang.

Lars Kreft: Unterwegs im Universum
© Auer Verlag

Kreuzworträtsel

Hier kannst du zwischen drei verschiedenen Kreuzworträtseln wählen.
Das Kreuzworträtsel 3 ist das schwierigste.

Deine Aufgabe:

1. Wähle <u>ein</u> Kreuzworträtsel aus.
2. Löse das Kreuzworträtsel.
3. Vergleiche mit der Lösung.

Für diese Aufgabe benötigst du:

Kreuzworträtsel 1, 2 oder 3   Stift

Lösung 1, 2 oder 3

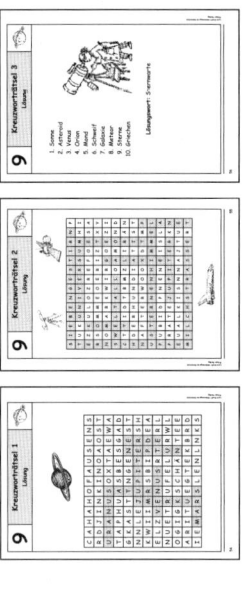

Lars Kreft: Unterwegs im Universum
©Auer Verlag

Kreuzworträtsel 1

Name: _____

Hier sind die acht Planeten
unseres Sonnensystems
versteckt.
Findest du sie?

C	A	H	A	H	O	F	A	U	S	E	N	S
R	D	J	I	N	K	I	N	O	A	O	S	T
U	R	A	N	U	S	O	X	T	A	E	W	A
T	A	P	H	U	A	S	B	E	S	G	A	D
G	K	A	S	T	T	N	G	E	N	E	S	T
N	N	L	E	J	U	P	I	T	E	R	S	H
K	W	I	I	M	R	S	B	I	P	D	E	A
E	L	Z	V	E	N	U	S	R	T	E	R	L
N	U	E	T	R	U	F	E	L	U	R	W	L
O	G	I	G	K	S	C	H	Ä	N	T	E	E
A	R	I	T	U	E	G	T	E	K	B	R	D
I	E	M	A	R	S	L	E	N	L	N	K	S

Kreuzworträtsel 2

Name: _____

Hier haben sich elf Wörter zum Thema Weltraum versteckt. Findest du sie?

S	I	E	B	E	N	G	E	S	T	I	R	N	P
T	U	K	U	N	I	V	E	R	S	U	M	H	I
E	Z	K	U	L	O	Z	R	E	F	O	E	S	A
R	S	O	M	M	E	O	E	R	I	Z	T	X	Y
N	O	M	A	R	K	W	I	R	G	O	E	Z	I
S	W	E	L	T	A	L	L	O	A	M	O	N	D
C	T	T	I	D	T	B	M	Z	L	I	R	Ä	N
H	D	E	R	H	U	N	D	I	A	T	I	S	T
N	A	F	T	E	R	W	O	O	X	D	T	M	P
U	S	T	E	R	N	E	N	H	I	M	M	E	L
P	U	B	I	D	P	N	E	N	E	I	S	L	A
P	R	A	T	E	J	U	P	I	T	E	R	K	N
E	U	A	L	K	I	S	N	N	A	J	T	U	E
M	I	L	C	H	S	T	R	A	S	S	E	R	T

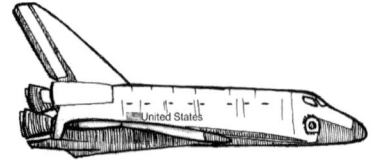

Lars Kreft: Unterwegs im Universum

Kreuzworträtsel 3

Name: _____

Hier werden zehn Begriffe rund um das Thema Weltall gesucht.
Die Buchstaben in der markierten Reihe ergeben eine Beobachtungseinrichtung
für Himmelskörper.

1. Größter Stern, der von der Erde aus zu sehen ist
2. Brocken aus Gestein oder Metall, der um die Sonne kreist
3. Planet, auch Morgen- und Abendstern genannt
4. Sternbild
5. Begleiter des Planeten Erde
6. Teil eines Kometen
7. Riesige Sternengruppe
8. Andere Bezeichnung für Sternschnuppe
9. Glühende Gasbälle im Weltall
10. Volk, das Sterngruppen einen Namen gab

Lösungswort:

Kreuzworträtsel 1
Lösung

C	A	H	A	H	O	F	A	U	S	E	N	S
R	D	J	I	N	K	I	N	O	A	O	S	T
U	R	A	N	U	S	O	X	T	A	E	W	A
T	A	P	H	U	A	S	B	E	S	G	A	D
G	K	A	S	T	T	N	G	E	N	E	S	T
N	N	L	E	J	U	P	I	T	E	R	S	H
K	W	I	I	M	R	S	B	I	P	D	E	A
E	L	Z	V	E	N	U	S	R	T	E	R	L
N	U	E	T	R	U	F	E	L	U	R	W	L
O	G	I	G	K	S	C	H	Ä	N	T	E	E
A	R	I	T	U	E	G	T	E	K	B	R	D
I	E	M	A	R	S	L	E	N	L	N	K	S

Lars Kreft: Unterwegs im Universum
© Auer Verlag

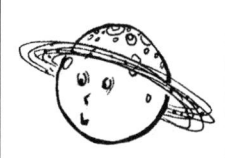

S	I	E	B	E	N	G	E	S	T	I	R	N	P
T	U	K	U	N	I	V	E	R	S	U	M	H	I
E	Z	K	U	L	O	Z	R	E	F	O	E	S	A
R	S	O	M	M	E	O	E	R	I	Z	T	X	Y
N	O	M	A	R	K	W	I	R	G	O	E	Z	I
S	W	E	L	T	A	L	L	O	A	M	O	N	D
C	T	T	I	D	T	B	M	Z	L	I	R	Ä	N
H	D	E	R	H	U	N	D	I	A	T	I	S	T
N	A	F	T	E	R	W	O	O	X	D	T	M	P
U	S	T	E	R	N	E	N	H	I	M	M	E	L
P	U	B	I	D	P	N	E	N	E	I	S	L	A
P	R	A	T	E	J	U	P	I	T	E	R	K	N
E	U	A	L	K	I	S	N	N	A	J	T	U	E
M	I	L	C	H	S	T	R	A	S	S	E	R	T

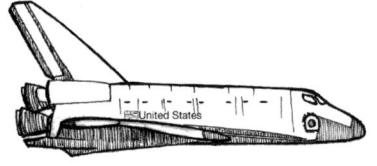

1. Sonne
2. Asteroid
3. Venus
4. Orion
5. Mond
6. Schweif
7. Galaxie
8. Meteor
9. Sterne
10. Griechen

Lösungswort: Sternwarte

Lars Kreft: Unterwegs im Universum

Sonnenfinsternis

10

bis

Eine Sonnenfinsternis gab es in Deutschland zuletzt am 11. August 1999.
Hier kannst du dieses Naturschauspiel noch einmal hautnah nacherleben.

Deine Aufgabe:

1. Lies die Versuchsanleitung auf dem AB.
2. Führe den Versuch durch.
3. Beantworte die Fragen zum Versuch.

Für diese Aufgabe benötigst du:

AB   Versuchsmodell   Teelicht   Pappe   Stift   Maßband   Feuerzeug   Lösung

10 Sonnenfinsternis

bis

Name: _____

Eine Sonnenfinsternis findet statt, wenn das Sonnenlicht nicht auf die Erde treffen kann, weil der Mond genau im Weg steht. Die dunkle Mondscheibe verdeckt dann die Sonne. Nur der äußere Teil der Sonnenatmosphäre, die Korona, bleibt sichtbar.

Versuchsanleitung:

1. Stelle die gebogene Pappe mit den drei Löchern an die Tischkante. Die Kerze stellst du etwa 40 cm von der Pappe entfernt auf. Zünde die Kerze an. *Vorsicht mit der offenen Flamme!*

2. Schiebe jetzt das Versuchsmodell mit der Styroporkugel so zwischen Pappe und Kerze, dass du durch das mittlere Loch in der gebogenen Pappe ein Bild siehst, das einer Sonnenfinsternis gleicht.

Beobachtungen:

1. **Wofür stehen deiner Meinung nach ...**

   ...die gebogene Pappe: _____

   ...die Kerze: _____

   ...die Styroporkugel: _____

2. **Beschreibe kurz, was du durch die drei verschiedenen Löcher siehst.**

   a) Loch (links): _____

   b) Loch (Mitte): _____

   c) Loch (rechts): _____

3. **Haben dir deine Eltern schon einmal von der letzten totalen Sonnenfinsternis vom 11. August 1999 erzählt? Von anderen Punkten der Erde aus war diese Sonnenfinsternis nur teilweise zu sehen. Das nennen die Fachleute dann „partielle Sonnenfinsternis". Welche Art von Sonnenfinsternis kannst du durch die verschiedenen Löcher der Pappe sehen?**

   a) Loch (links): _____

   b) Loch (Mitte): _____

   c) Loch (rechts): _____

Lars Kreft: Unterwegs im Universum

1. **Wofür stehen deiner Meinung nach...**

   ... der gebogene Pappstreifen: Erde
   ... die Kerze: Sonne
   ... die Styroporkugel: Mond

2. **Beschreibe kurz, was du durch die drei verschiedenen Löcher siehst.**

   a) Loch (links): Die Styroporkugel verdeckt die rechte Hälfte der Kerze.

   b) Loch (Mitte): Nur der Rand um die Styroporkugel herum leuchtet.

   c) Loch (rechts): Die Styroporkugel verdeckt die linke Hälfte der Kerze.

3. **Welche Art von Sonnenfinsternis kannst du durch die verschiedenen Löcher der Pappe sehen?**

   Durch Loch a) und Loch c) siehst du eine **partielle Sonnenfinsternis.**

   Durch Loch b) kannst du eine **totale Sonnenfinsternis** beobachten, die du auch auf dem Bild unten siehst:

11

Sonnenuhr

bis

Hier kannst du selbst eine Sonnenuhr bauen und begreifen, wie sie funktioniert.

Deine Aufgabe:

1. Lies die Bauanleitung auf dem AB.
2. Schneide die einzelnen Teile aus und baue daraus eine Sonnenuhr.
3. Beantworte die Fragen auf dem AB.

Für diese Aufgabe benötigst du:

AB   Ausschneidebogen   Schere   Stift   Klebestift   Kompass

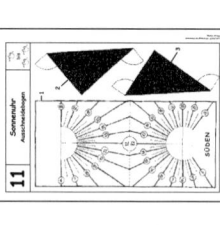
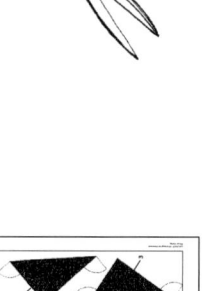

Lösung

Lars Kreft: Unterwegs im Universum

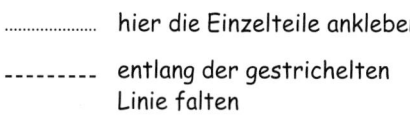
Bauanleitung:

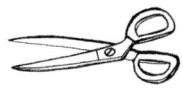

1. Schneide die Teile 1, 2 und 3 sauber aus dem Ausschneidebogen aus.

.... hier die Einzelteile ankleben

--------- entlang der gestrichelten Linie falten

2. Verbinde die Teile mit Kleber, so wie es auf der Zeichnung angegeben ist.

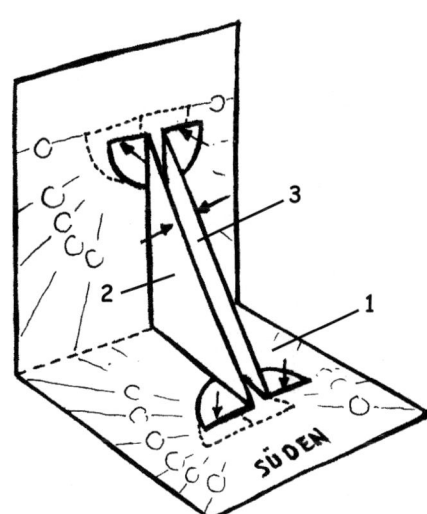

3. Bitte überprüfe, ob die Klebestellen trocken und damit haltbar geworden sind. Erst dann können die nächsten Arbeitsschritte folgen.

4. Du musst die Sonnenuhr genau nach Süden ausrichten. Benutze dazu einen Kompass.

Das Dreieck wirft einen Schatten und verbindet eine waagerechte Sonnenuhr mit einer senkrechten. Die senkrechte Sonnenuhr zeigt die Zeit zwischen 6 Uhr und 18 Uhr an, die waagerechte zwischen 4 Uhr und 20 Uhr. Dass der Schatten auf der Sonnenuhr wandert, liegt daran, dass sich die Erde um sich selber dreht.
Du erinnerst dich sicher noch an das Experiment mit den Klebepunkten auf der Fensterscheibe. Wir haben gezeigt, dass die Sonne im Laufe eines Tages einen großen Bogen macht.

1. **Vervollständige den Satz:**

   Im Osten geht die Sonne auf, nach Süden nimmt sie ihren

   Lauf, im Westen wird sie _____

   _____

2. **Was passiert, wenn du deine Sonnenuhr nicht nach Süden, sondern nach Norden ausrichtest?**

   _____

   _____

11 Sonnenuhr
Ausschneidebogen

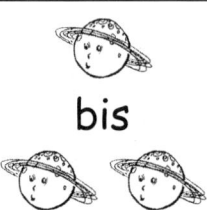

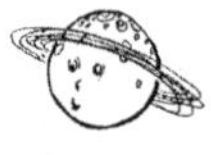 bis 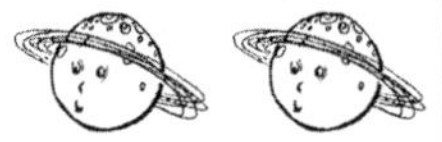

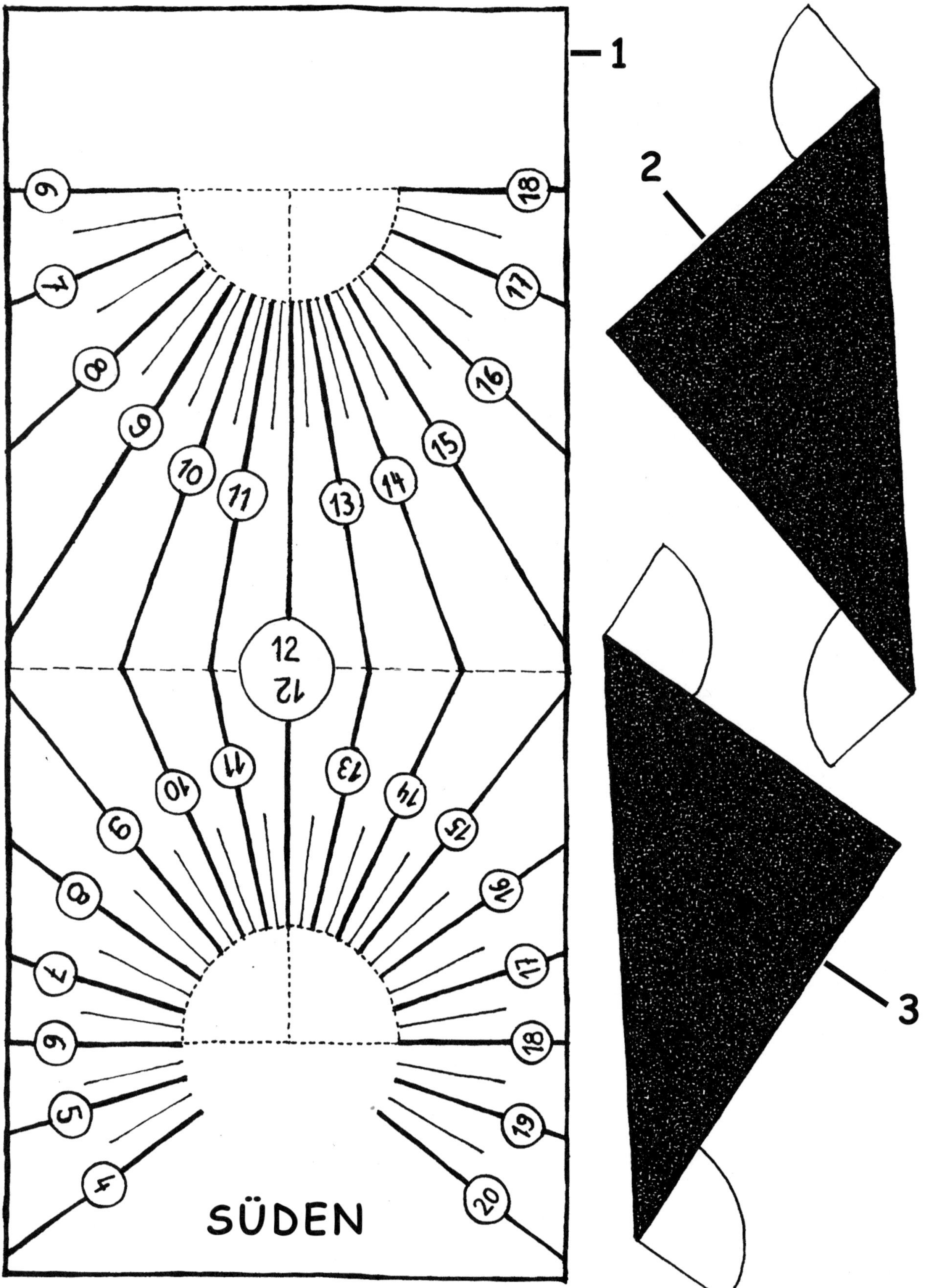

Sonnenuhr
Lösung

1. Vervollständige den Satz.

Im Osten geht die Sonne auf,
nach Süden nimmt sie ihren Lauf,
im Westen wird sie untergehen,
im Norden ist sie nie zu sehen.

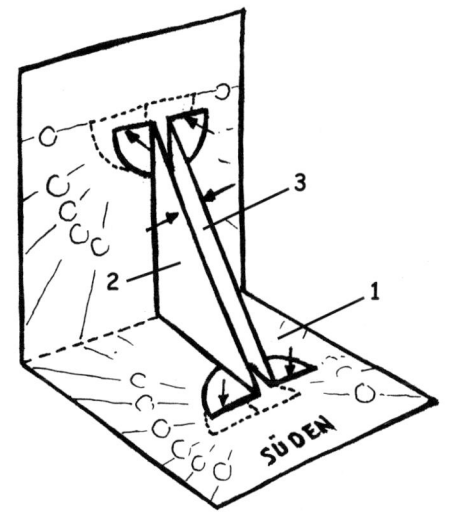

2. Was passiert, wenn du deine Sonnenuhr nicht nach Süden, sondern nach Norden ausrichtest?

Wenn die Sonne morgens im Osten aufgeht, kannst du auf der Sonnenuhr die um 12 Stunden versetzte Zeit ablesen. Die Sonnenuhr zeigt 12 Stunden später an, als es in Wirklichkeit ist, z. B. 16 Uhr statt 4 Uhr morgens.

Mittags steht die Sonne im Süden. Wenn deine Sonnenuhr aber nach Norden ausgerichtet ist, zeigt sie in dieser Zeit gar nichts an. Es liegt ein großer Schatten auf ihr, denn die Sonne scheint von hinten gegen die Sonnenuhr.

Nachmittags und abends, wenn die Sonne im Westen untergeht, zeigt die Sonnenuhr wieder die um 12 Stunden versetzte Zeit an. So ist es dann auf der Sonnenuhr z. B. 5 Uhr morgens statt 17 Uhr nachmittags.

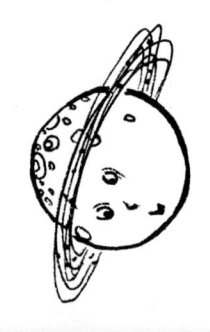

12

Der Flug zum Mond

Hier kannst du mehr über die Mondlandung erfahren.

Deine Aufgabe:

1. Lies den Text auf den AB 1 und 2.
2. Beantworte die Fragen zum Text auf dem AB 3.

Für diese Aufgabe benötigst du:

Lesetext (AB 1 und 2)   AB 3   Stift   Lösung

Lars Kreft: Unterwegs im Universum

 **1. Lies den Text.**

Die Menschen haben schon lange davon geträumt, in den Weltraum zu fliegen. Aber die Schwerkraft auf der Erde hält alles fest. Das schnellste Düsenflugzeug ist nicht schnell genug, um in den Weltraum zu fliegen. Um von der Erde wegzukommen, muss man mindestens 40 000 km/h schnell sein. Das schafft nur eine Rakete.

Zum ersten Mal gelang das 1957. In diesem Jahr schoss die Sowjetunion einen Satelliten (siehe rechts) in den Weltraum. Sie nannten ihn Sputnik I. Kurz darauf schossen sie mit Sputnik II die Hündin Laika in den Weltraum und am 12. April 1961 umkreiste Juri Gagarin als erster Mensch die Erde.

Seit 1961 flogen zahlreiche Menschen in den Weltraum, um das Leben in der Schwerelosigkeit zu untersuchen. Viele Satelliten umkreisen die Erde und machen Bilder von der Erde. Sie senden und empfangen auch Signale, zum Beispiel wenn man in ferne Länder telefoniert oder Fernsehen mit der Satellitenschüssel empfängt.

Die Landung auf dem Mond war schon lange ein Traum der Menschheit. Viele Raumflüge bereiteten dieses Ereignis vor. Jahrelang wurde jeder einzelne Schritt genau geprobt. Am 20. Juli 1969 war es soweit: Der Amerikaner Neil Armstrong betrat als erster Mensch den Mond.

Vier Tage zuvor waren er und die Astronauten Edwin Aldrin und Mike Collins mit einer riesigen Rakete gestartet. Nachdem sie die Erde einige Male umrundet hatten, begann das Abenteuer der Mondlandung.

Der Kommandant Collins beschleunigte die Apollo-11-Kapsel kurzzeitig auf über 40 000 km/h, um die Anziehungskraft der Erde zu überwinden. So schnell muss ein Körper sein, wenn er die Anziehungskraft der Erde überwinden soll.

Gut drei Tage dauerte der Flug zum Mond. Dann bremsten die Astronauten das Raumschiff ab, so dass es von der Schwerkraft des Mondes eingefangen werden konnte. Die Durchschnittsgeschwindigkeit des Raumschiffs betrug 5340 km/h.

Während die Raumkapsel um den Mond kreiste, bestiegen Armstrong und Aldrin die Mondlandefähre und landeten mit ihr auf dem Mond. Dort hissten die beiden eine amerikanische Fahne und sammelten Gestein vom Mond ein. Anschließend stiegen sie wieder in die Mondlandefähre und dockten an der Apollo 11 an.

Dann machten sich die drei Astronauten auf den Rückflug zur Erde.
Am 24. Juli 1969 gelangte die Raumkapsel wieder in die Umlaufbahn der Erde.
Der Kommandant verlangsamte den Flug, und die Kapsel stürzte zurück zur Erde.
Ein Hitzeschild schützte die Kapsel, damit sie nicht wie eine Sternschnuppe verglühte.

Als die Kapsel in die Wetterschicht eintauchte, öffneten sich drei riesige Fallschirme. Auf diese Weise schwebte die Kapsel herab und fiel in den Ozean, wo sie anschließend geborgen wurde.

 **2. Beantworte nun die Fragen zum Text auf dem AB 3.**

Lars Kreft: Unterwegs im Universum

12 Der Flug zum Mond 3

Name: _____

Beantworte folgende Fragen:

1. **Welches Lebewesen wurde als erstes in den Weltraum geschossen?**

   _____

   _____

2. **Wer waren die ersten Menschen auf dem Mond?**

   _____

   _____

   _____

3. **Was wäre passiert, wenn die Raumkapsel kein Hitzeschild gehabt hätte?**

   _____

   _____

<u>Zusatzaufgabe:</u>

Wie viele Kilometer ist der Mond von der Erde entfernt?
Schau im Text nach und rechne aus.

<u>Rechnung:</u>

<u>Antwort:</u>

_____

_____

1. Welches Lebewesen wurde als erstes in den Weltraum geschossen?

Die Hündin Laika war das erste Lebewesen, das in den Weltraum geschossen wurde.

2. Wer waren die ersten Menschen auf dem Mond?

Mit dem Raumschiff Apollo 11 flogen die Amerikaner Armstrong, Aldrin und Collins zum Mond. Als erster Mensch betrat Armstrong am 20. Juli 1969 den Mond, sein Kollege Aldrin folgte ein paar Minuten später.

3. Was wäre passiert, wenn die Raumkapsel kein Hitzeschild gehabt hätte?

Ohne Hitzeschild wäre die Raumkapsel verglüht.

<u>Zusatzaufgabe:</u>

Wie viele Kilometer ist der Mond von der Erde entfernt?
Schau im Text nach und rechne aus.

<u>Rechnung:</u>

Durchschnittliche Geschwindigkeit des Raumschiffs: 5340 km/h
Reisedauer: 3 Tage

$$3 \times 24 \text{ Std.} = 72 \text{ Std.}$$
$$72 \times 5340 \text{ km} = 384\ 480 \text{ km}$$

<u>Antwort:</u> Der Mond ist 384 480 km von der Erde entfernt.

Da der Mond sich nicht in einer genau kreisförmigen, sondern in einer eierförmigen Bahn um die Erde dreht, ist er mal etwas näher und mal etwas weiter weg. Die mittlere Entfernung zum Mond beträgt 384 400 km.

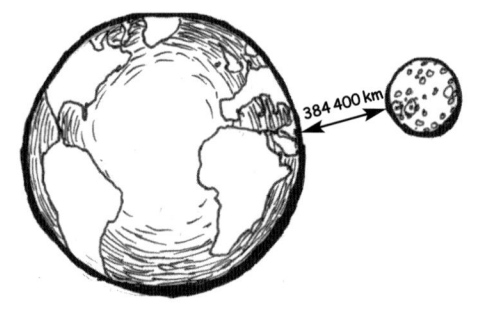

384 400 km

Lars Kreft: Unterwegs im Universum

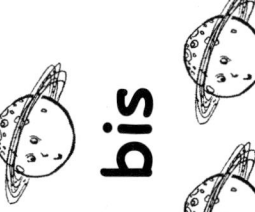

13

Satellitenprojekt

bis

Hier kannst du mehr über Satelliten erfahren und selbst einen Satelliten bauen.

Deine Aufgabe:

1. Lies den Text über Satelliten auf dem AB.
2. Folge der Bauanleitung auf dem AB und baue einen Satelliten. Du kannst auch einen ganz anderen Satelliten aus dem Material bauen.

Für diese Aufgabe benötigst du:

AB   Schere   Alufolie   Eierkarton   Pappe   Pappschachtel

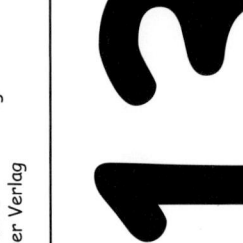

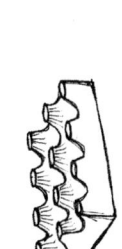

Stift   Klebestift   feinen Draht

13 Satellitenprojekt

Name: _____

 **1. Lies den Text über Satelliten.**

Ein Satellit ist ein Raumflugkörper, der mit einer Trägerrakete ins Weltall geschossen wird und dann um einen Planeten kreist. Er wird nämlich von der Masse des Planeten angezogen.
Stell dir vor, du könntest einen Stein mit der Geschwindigkeit von 8 km pro Sekunde werfen. Dann würde er nicht mehr auf die Erde fallen, sondern ständig um die Erde kreisen.

Das liegt daran, dass sich die Kraft, mit der dein Stein von der Erde wegfliegt (Zentrifugalkraft), und die Kraft, mit der dein Stein von der Erde angezogen wird (Erdanziehungskraft), genau ausgleichen. Das heißt: Sie sind im Gleichgewicht.

Deswegen kreisen die Satelliten um einen Planeten, wenn sie mit der richtigen Geschwindigkeit und in der richtigen Richtung in den Weltraum geschossen werden. Ihre Energie bekommen die Satelliten von Solarzellen, die in der Lage sind, die Wärmestrahlen der Sonne in Energie umzuwandeln.

2. Folge nun der Bauanleitung und baue einen Satelliten.

Du kannst auch selbst einen Satelliten erfinden. Wenn du eine Zeichnung oder eine kurze Bastelanleitung neben dein fertig gebautes Satelliten-Modell legst, können andere Kinder deinen Satelliten nachbauen.

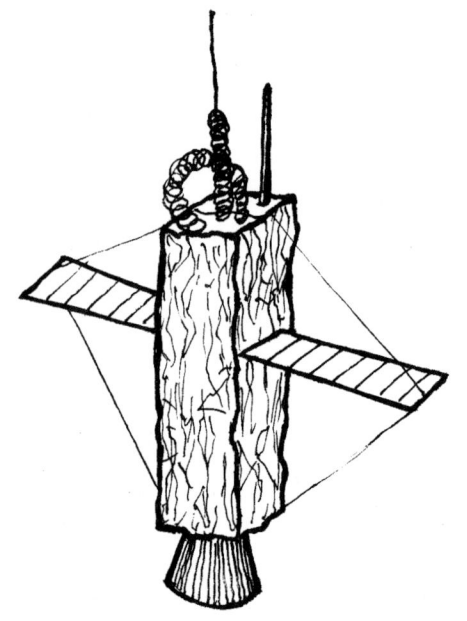

Bauanleitung:

1. Einen Karton mit Alu-Folie überkleben.
2. Flügel aus Pappe herstellen.
3. Befestigungsseil anbringen (Draht).
4. Antennen basteln (Draht auf einem Bleistift drehen).
5. Düse anbringen (aus einem Eierkarton ausschneiden).

Lars Kreft: Unterwegs im Universum

14

Keine Luft!

bis

Du erfährst hier, was passieren würde, wenn um dich herum keine Luft wäre.

Deine Aufgabe:

1. Lies den Text und die Versuchsanleitung auf dem AB 1.
2. Bevor du den Versuch durchführst, lies auch die Fragen auf dem AB 2. Befolge dann die Anweisungen der Versuchsanleitung und beobachte, was passiert.
3. Beantworte die Fragen auf dem AB 2.

Für diese Aufgabe benötigst du:

AB 1 und 2   Stift   Flasche mit Strohhalmen und Ballon

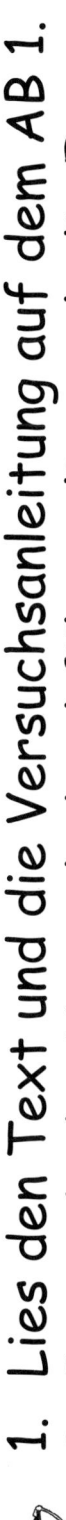

Strohhalme

Lösung

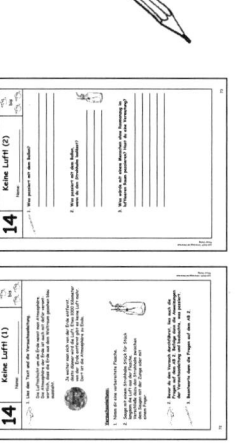

Name: _____

 **1. Lies den Text und die Versuchsanleitung.**

Die Luftschicht um die Erde nennt man Atmosphäre. Die Atmosphäre der Erde ist auch mit dafür verantwortlich, dass die Erde aus dem Weltraum gesehen blau aussieht.

 Je weiter man sich von der Erde entfernt, desto dünner wird die Luft. Etwa 1000 Kilometer von der Erde entfernt gibt es keine Luft mehr. Dort ist die Atmosphäre zu Ende.

Versuchsanleitung:

1. Nimm dir eine vorbereitete Flasche.

2. Sauge mit einem Strohhalm Stück für Stück langsam die Luft aus der Flasche. Verschließe dazu den Strohhalm zwischen dem Saugen mit der Zunge oder mit einem Finger.

 **2. Bevor du den Versuch durchführst, lies auch die Fragen auf dem AB 2. Befolge dann die Anweisungen der Versuchsanleitung und beobachte, was passiert.**

 **3. Beantworte dann die Fragen auf dem AB 2.**

Lars Kreft: Unterwegs im Universum

1. **Was passiert mit dem Ballon?**

_____

_____

_____

2. **Was passiert mit dem Ballon,**
   wenn du den Strohhalm loslässt?

_____

_____

_____

3. **Was würde mit einem Menschen ohne Raumanzug im**
   luftleeren Raum passieren? Hast du eine Vermutung?

_____

_____

_____

_____

1. Was passiert mit dem Ballon?

Der Ballon bläht sich auf, wenn man die Luft
aus der Flasche saugt.

**2. Was passiert mit dem Ballon,
wenn du den Strohhalm loslässt?**

Der Ballon fällt wieder in sich zusammen.

**3. Was würde mit einem Menschen ohne
Raumanzug im luftleeren Raum passieren?
Hast du eine Vermutung?**

Ohne Raumanzug würde sich der Mensch
im Weltraum genauso wie der Ballon im
Versuch ausdehnen und schließlich platzen.
In den Raumanzug eines Astronauten
führt deshalb vom Raumschiff aus ein
Schlauch mit Luft. So hat der Astronaut eine
Lufthülle um sich, mit der er im luftleeren
Weltraum überleben kann.

Lars Kreft: Unterwegs im Universum

15

Wettlauf im All

Hier könnt ihr eine Luftballonrakete bauen und begreifen, wie sie funktioniert.

Eure Aufgabe:

1. Führt den Versuch durch. Beachtet dabei die Bauanleitung.
2. Beantwortet die Fragen zum Versuch.

Für diese Aufgabe benötigt ihr:

AB 1 und 2

Schere

Wurstluftballons

Ballonpumpe

 Strohhalme

Tesafilm

Angelschnur

Stift

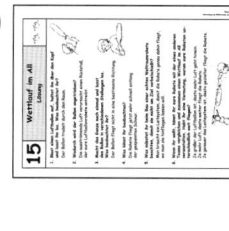 Lösung

15 Wettlauf im All 1

Name: _____

Die Anziehungskraft von Sonnen, Monden und Planeten wirkt wie ein Magnet. Die Anziehungskraft unseres Planeten Erde verhindert, dass wir fliegen können. Dazu müssen die Menschen Flugzeuge, Heißluftballons, Hubschrauber und eben auch Raketen bauen, um die enorme Anziehungskraft der Erde zu überwinden. Dafür braucht man sehr viel Energie, die in Form einer gewaltigen Explosion frei-gesetzt wird. Der „Rückstoß", der dabei entsteht, befördert die Rakete ins Weltall.

Hier könnt ihr nun selbst eine Rakete bauen und begreifen, wie sie funktioniert.
Lest dazu die Bauanleitung und befolgt die Anweisungen.

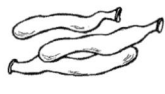

1. Blast einen Luftballon auf, haltet ihn über den Kopf und lasst ihn los. Was beobachtet ihr?

_____

_____

_____

_____

2. Wodurch wird der Ballon angetrieben?

_____

_____

_____

_____

Auf dem AB 2 geht es weiter!

Lars Kreft: Unterwegs im Universum

3. **Macht das Ganze noch einmal und lasst den Ballon in verschiedenen Stellungen los. Was beobachtet ihr?**

_____

_____

_____

Eine Rakete, die zum Beispiel zum Mond fliegen soll, darf jedoch nicht irgendwo im Weltraum landen, sondern eben ganz genau auf dem Mond. Dazu muss man ein Raketenleitsystem bauen. Ihr könnt nun auch solch ein Leitsystem bauen. Führt dazu die folgenden Schritte durch:

Einer von euch bläst einen Luftballon auf und hält die Öffnung zu. Bitte deinen Partner, an den Ballonenden zwei Strohhalmstücke mit Te-

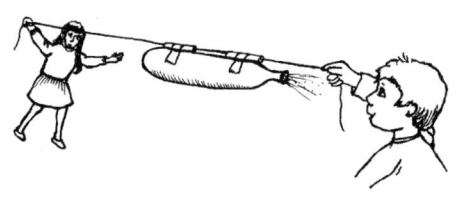

safilm zu befestigen. Zieht eine Angelschnur durch die Strohhalme und spannt die Schnur so weit wie möglich durch den Flur. Dann lasst den Ballon los.

4. **Was könnt ihr beobachten?**

_____

_____

5. **Was müsstet ihr beim Bau einer echten Weltraumrakete beachten, damit sie nicht am Ziel vorbeischießt?**

_____

_____

6. **Wenn ihr wollt, könnt ihr eure Rakete mit der eines anderen Teams vergleichen und zusammen einen Wettlauf im All veranstalten. Habt ihr eine Vermutung, warum eure Raketen unterschiedlich weit fliegen?**

_____

_____

1. Blast einen Luftballon auf, haltet ihn über den Kopf und lasst ihn los. Was beobachtet ihr?

Der Ballon trudelt durch den Raum.

2. Wodurch wird der Ballon angetrieben?

Die ausströmende Luft verursacht einen Rückstoß, der eure Luftballonrakete antreibt.

3. Macht das Ganze noch einmal und lasst den Ballon in verschiedenen Stellungen los. Was beobachtet ihr?

Der Ballon fliegt nicht in eine bestimmte Richtung.

4. Was könnt ihr beobachten?

Die Rakete fliegt jetzt sehr schnell entlang der gespannten Schnur.

5. Was müsstet ihr beim Bau einer echten Weltraumrakete beachten, damit sie nicht am Ziel vorbeischießt?

Man braucht ein Leitsystem, damit die Rakete genau dahin fliegt, wo man sie hinfliegen lassen will.

6. Wenn ihr wollt, könnt ihr eure Rakete mit der eines anderen Teams vergleichen und zusammen einen Wettlauf im All veranstalten. Habt ihr eine Vermutung, warum eure Raketen unterschiedlich weit fliegen?

Je größer der Luftballon ist, desto mehr Luft geht hinein.
Je mehr Luft, desto weiter fliegt die Rakete.
Je genauer das Leitsystem ist, desto gezielter fliegt die Rakete.

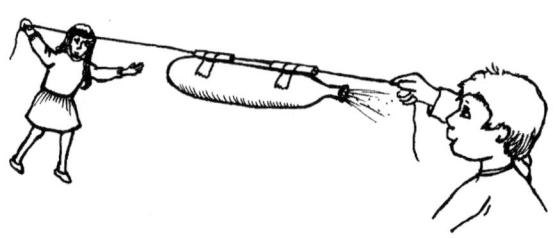

Lars Kreft: Unterwegs im Universum

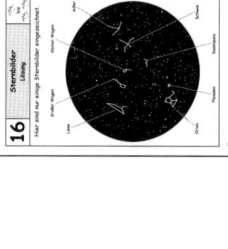

16

Sternbilder

bis

Hier kannst du dir deine eigene Sternkarte zeichnen und erfahren, wie die Sternbilder entstanden sind.

Deine Aufgabe:

1. Lies den Text auf dem AB 1 über die Entstehung der Sternbilder.
2. Informiere dich in Sachbüchern näher über die Sternbilder.
3. Zeichne mit einem Lackstift in die Sternkarte auf dem AB 2 einige Sternbilder ein, die du kennst. Du kannst auch neue Sternbilder erfinden.

Für diese Aufgabe benötigst du:

AB 1 und 2   Sachbücher   weißen Lackstift

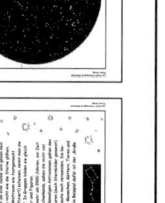

bis

1. Lies den Text.

Der nächtliche Himmel ist voller Sterne. Unter günstigen Bedingungen, also bei klarem Himmel, kannst du bis zu 2400 Sterne mit bloßem Auge erkennen.

Sterne sind riesige Kugeln, die so heiß sind, dass sie leuchten. Auch die Sonne ist ein Stern. Nur weil alle anderen Sterne so unheimlich weit weg sind, erscheinen sie uns so klein. Es gibt viele Sterne, die in Wirklichkeit größer sind als die Sonne.

Planeten dagegen sind wandernde Himmelskörper: Sie bewegen sich um eine Sonne und geben kein Licht ab, weil sie nicht wie die Sterne glühen. Weil Sterne im Weltraum wie festgemacht (man sagt auch: fixiert) scheinen, nennt man sie auch „Fixsterne". In Gruppen bilden sie gleich bleibende Muster und Figuren.

Auch schon vor mehr als 2000 Jahren, zur Zeit des antiken Griechenlands, sahen sie nicht viel anders aus. Die damaligen Astronomen gaben den Mustern und Figuren (auch Sternbilder genannt) Namen, die wir heute noch verwenden. Sie benannten sie nach Menschen, Göttern, Tieren und Gegenständen. Ein Beispiel dafür ist der „Große Wagen":

Lars Kreft: Unterwegs im Universum

16

Sternbilder 2

Name: ____________________

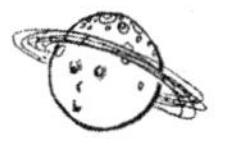

bis

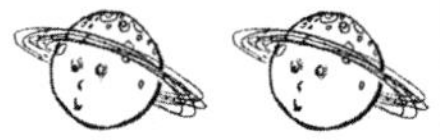

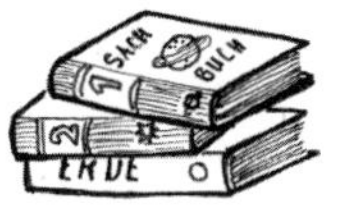

1. Informiere dich in Sachbüchern, welche Sternbilder es gibt und wie sie aussehen.

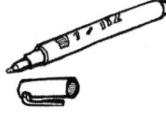

2. Zeichne mit einem Lackstift in die Sternkarte einige Sternbilder ein, die du kennst. Du kannst auch neue Sternbilder erfinden.

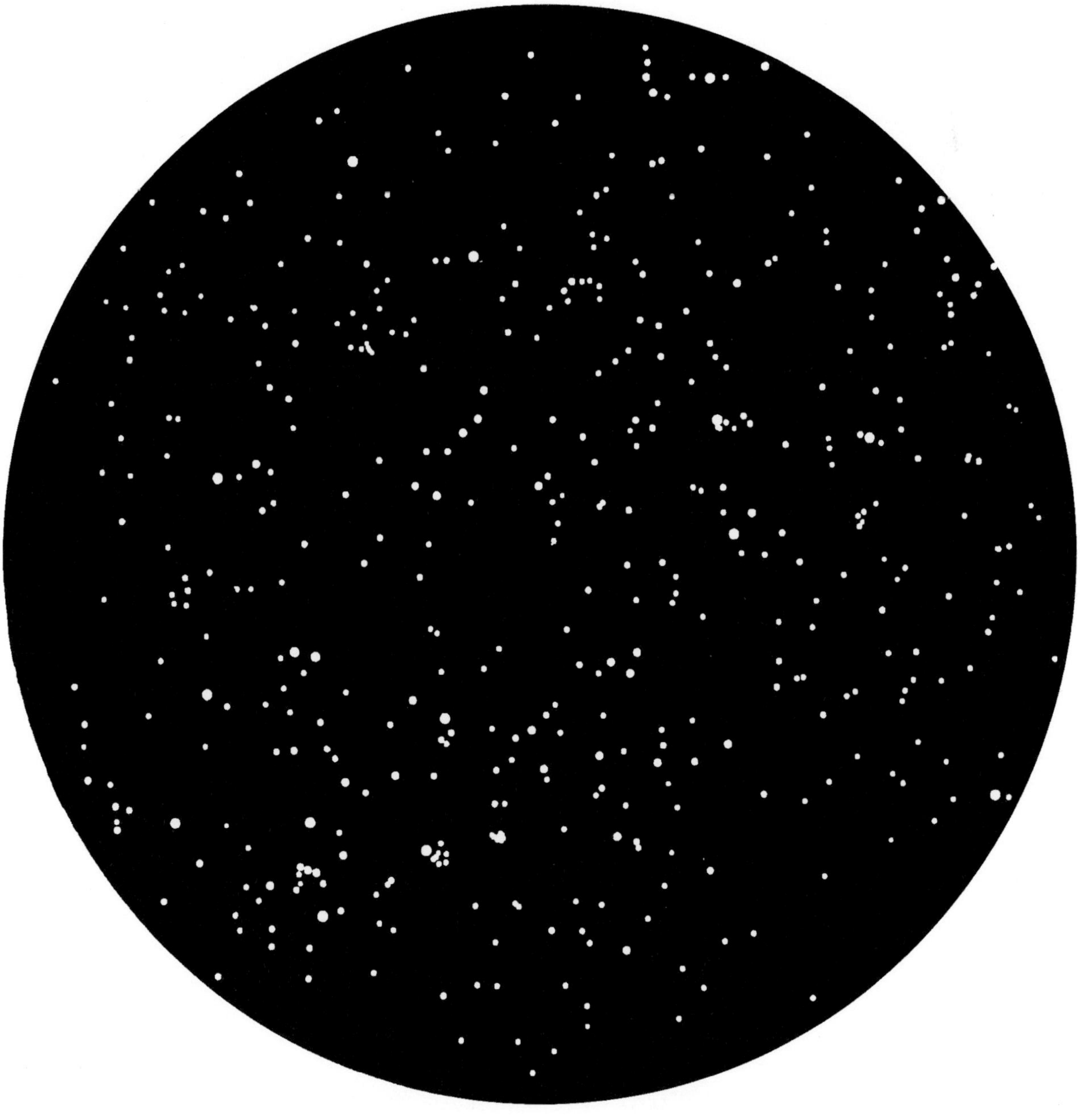

Hier sind nur einige Sternbilder eingezeichnet.

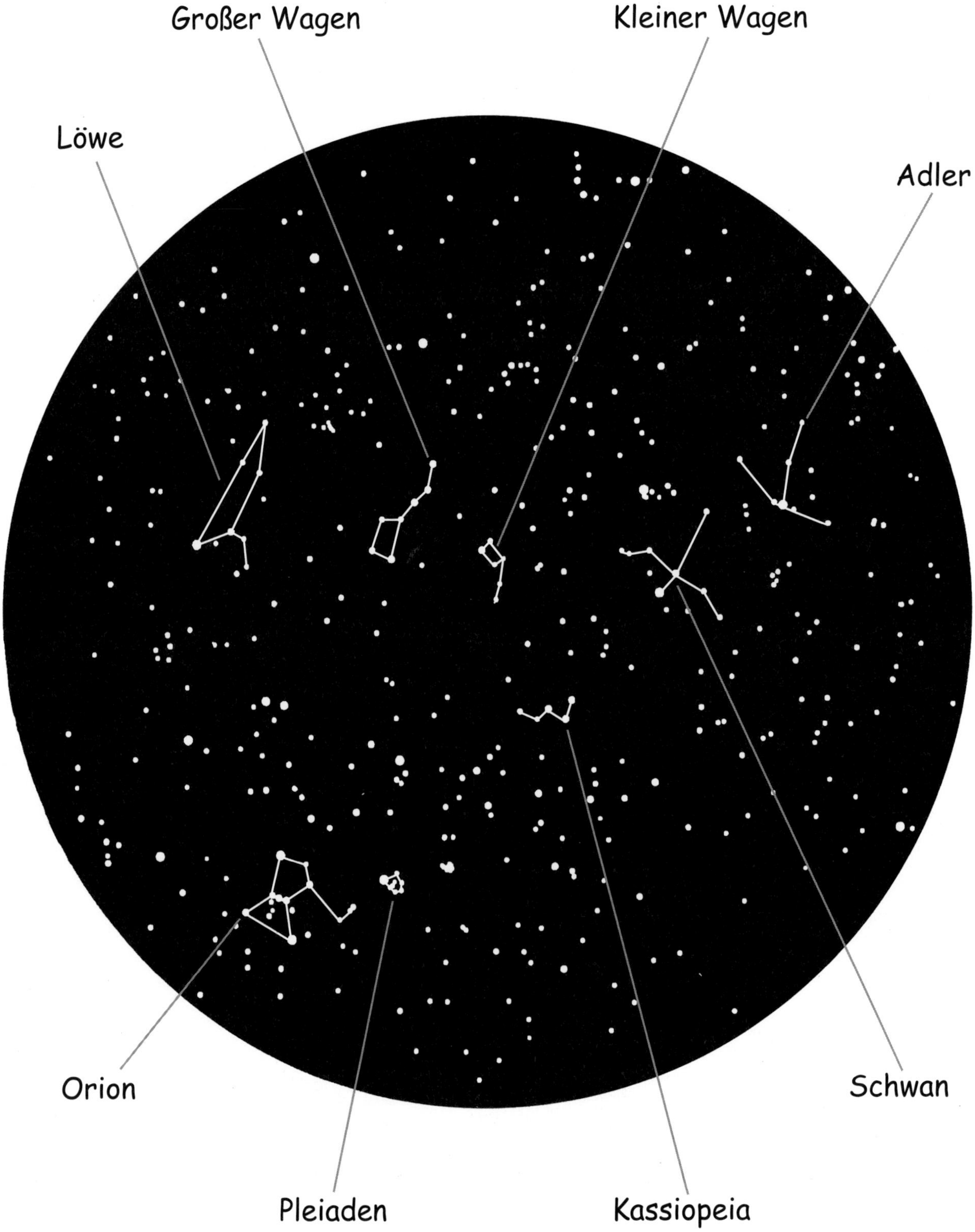

Großer Wagen

Kleiner Wagen

Löwe

Adler

Orion

Schwan

Pleiaden

Kassiopeia

Jederzeit optimal vorbereitet in den Unterricht?